はじまるよ〜

新 ざんねんな いきもの事典

今泉忠明 監修

高橋書店

新ざんねんへようこそ。

「ざんねんないきもの」シリーズは、10年目を迎えました。

そこで今回、ざんねんないきもの事典もリニューアル！ちょっと新しい形で、「ざんねんないきもの」をご紹介します。

今回はじめて「ざんねんないきもの」を知った人も、このシリーズをずっと読んでくれていた人も、楽しめる本になっています。

この10年で、科学技術は大きく進歩しています。生き物の遺伝情報を調べる「ゲノム解析」が進み、進化の

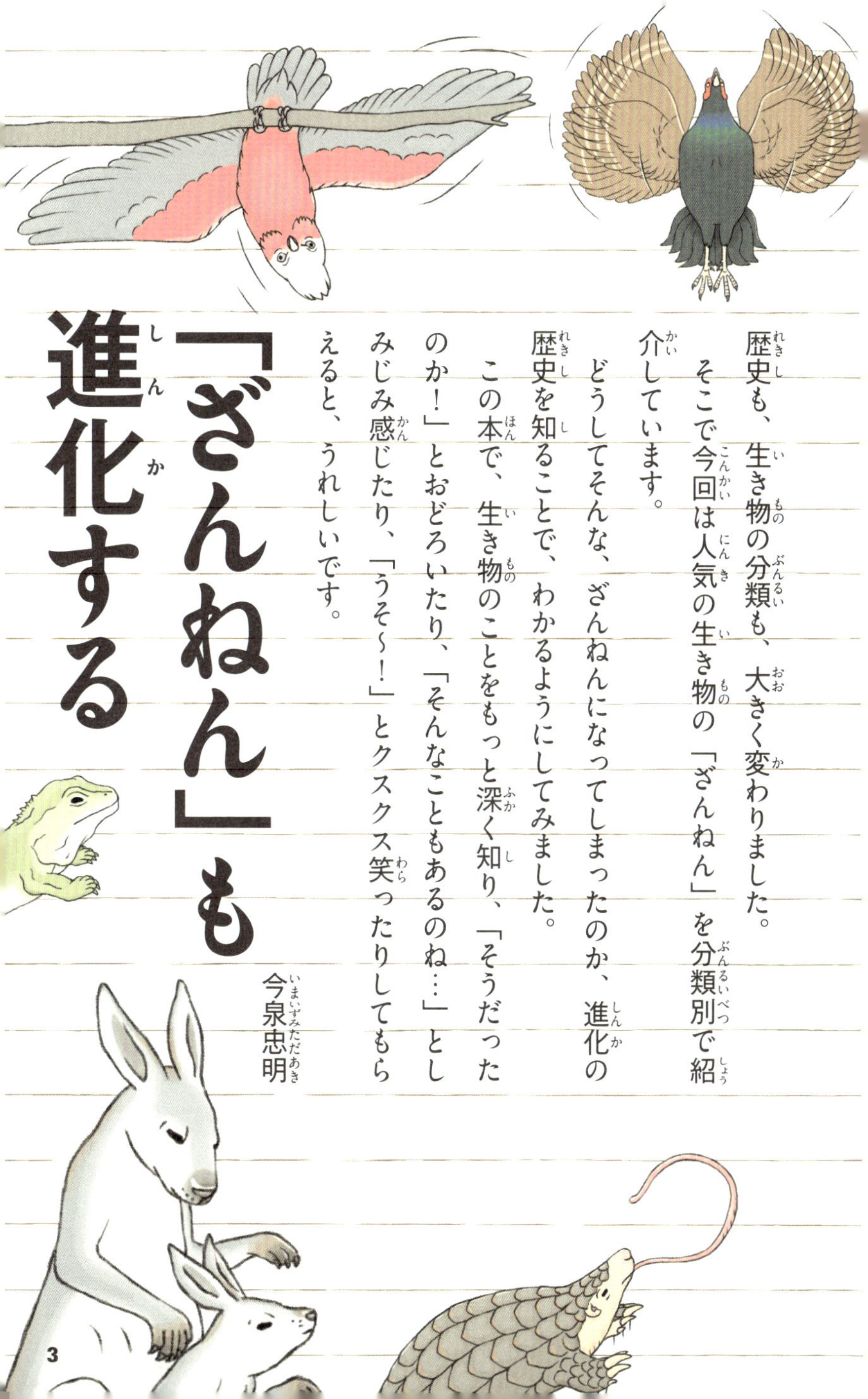

歴史も、生き物の分類も、大きく変わりました。
そこで今回は人気の生き物の「ざんねん」を分類別で紹介しています。
どうしてそんな、ざんねんになってしまったのか、進化の歴史を知ることで、わかるようにしてみました。
この本で、生き物のことをもっと深く知り、「そうだったのか！」とおどろいたり、「そんなこともあるのね…」としみじみ感じたり、「うそ〜！」とクスクス笑ったりしてもらえると、うれしいです。

今泉忠明

「ざんねん」も進化する

もくじ

第1章　ざんねんな進化の歴史

第2章　ざんねんな動物

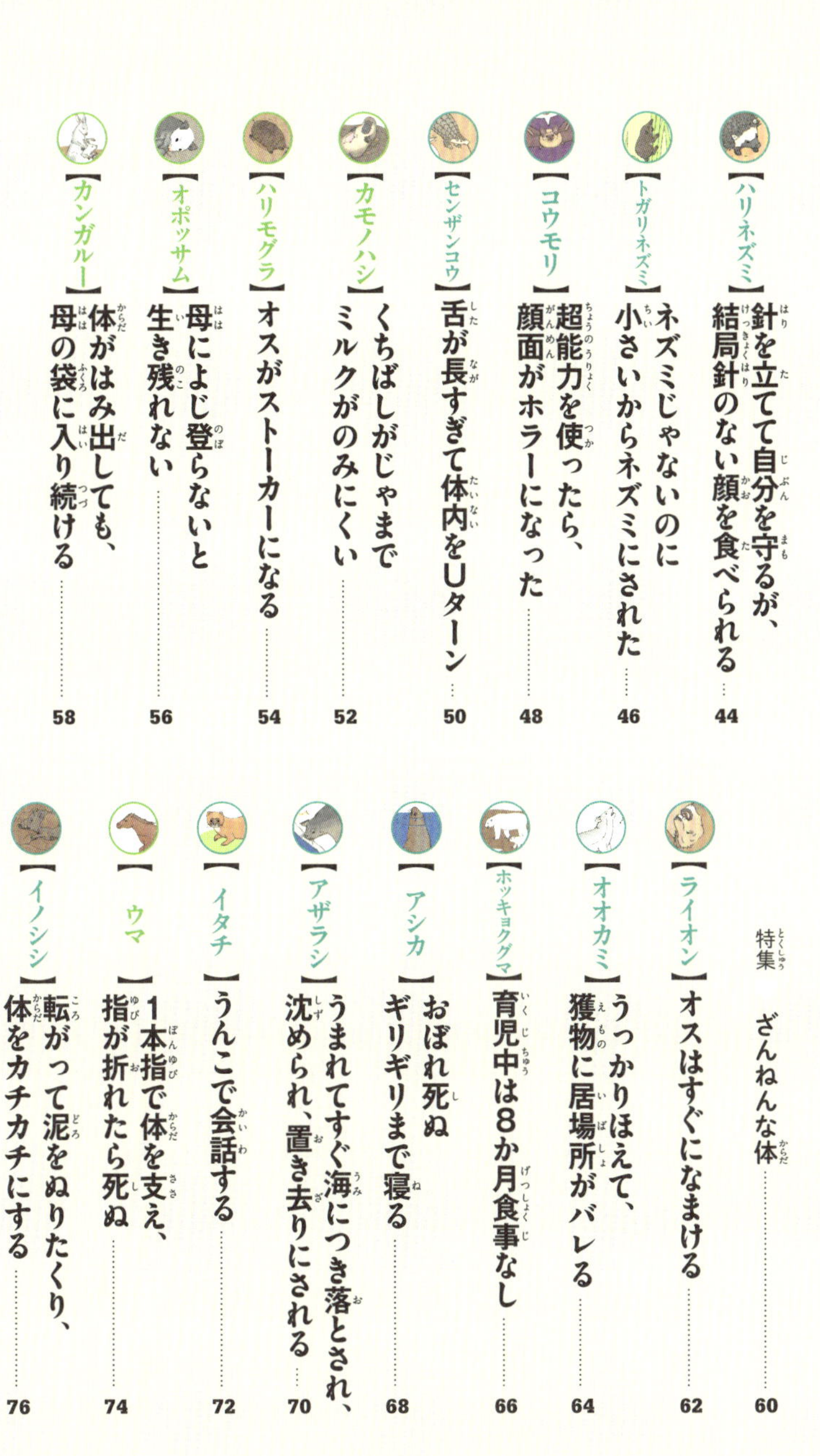

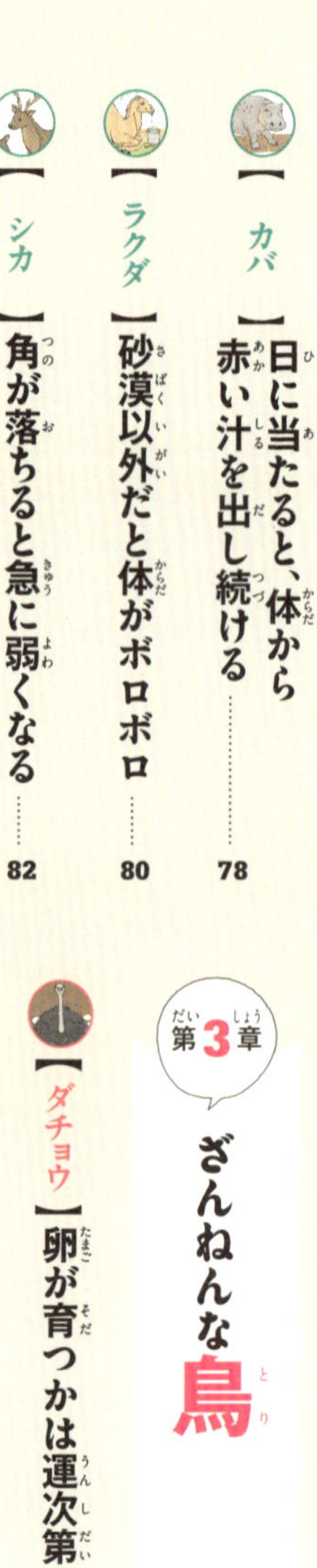

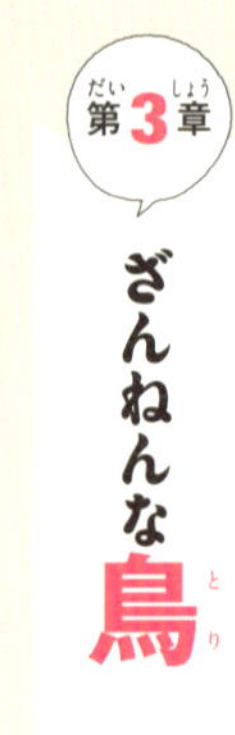

第3章 ざんねんな鳥

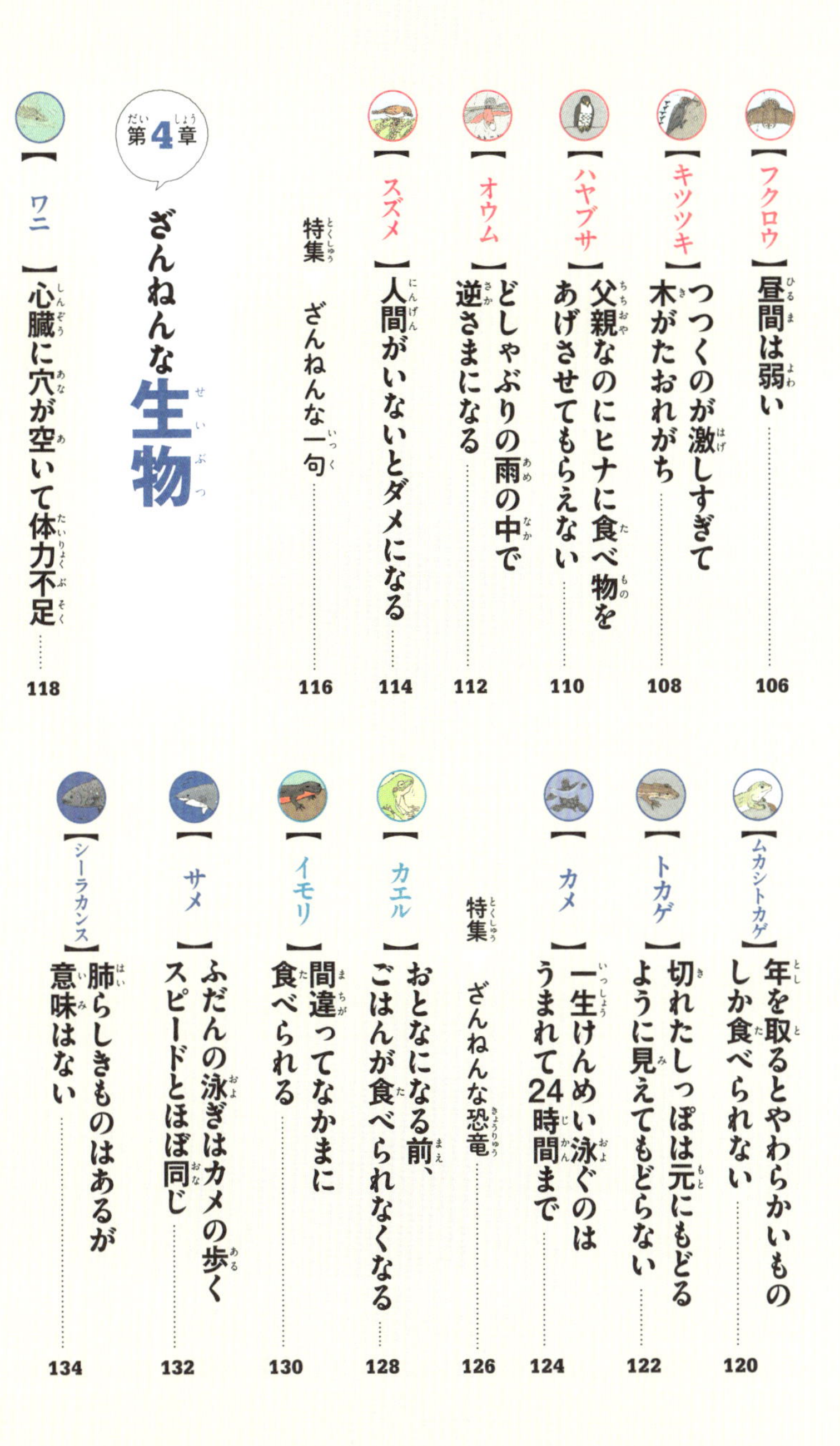

第4章 ざんねんな生物

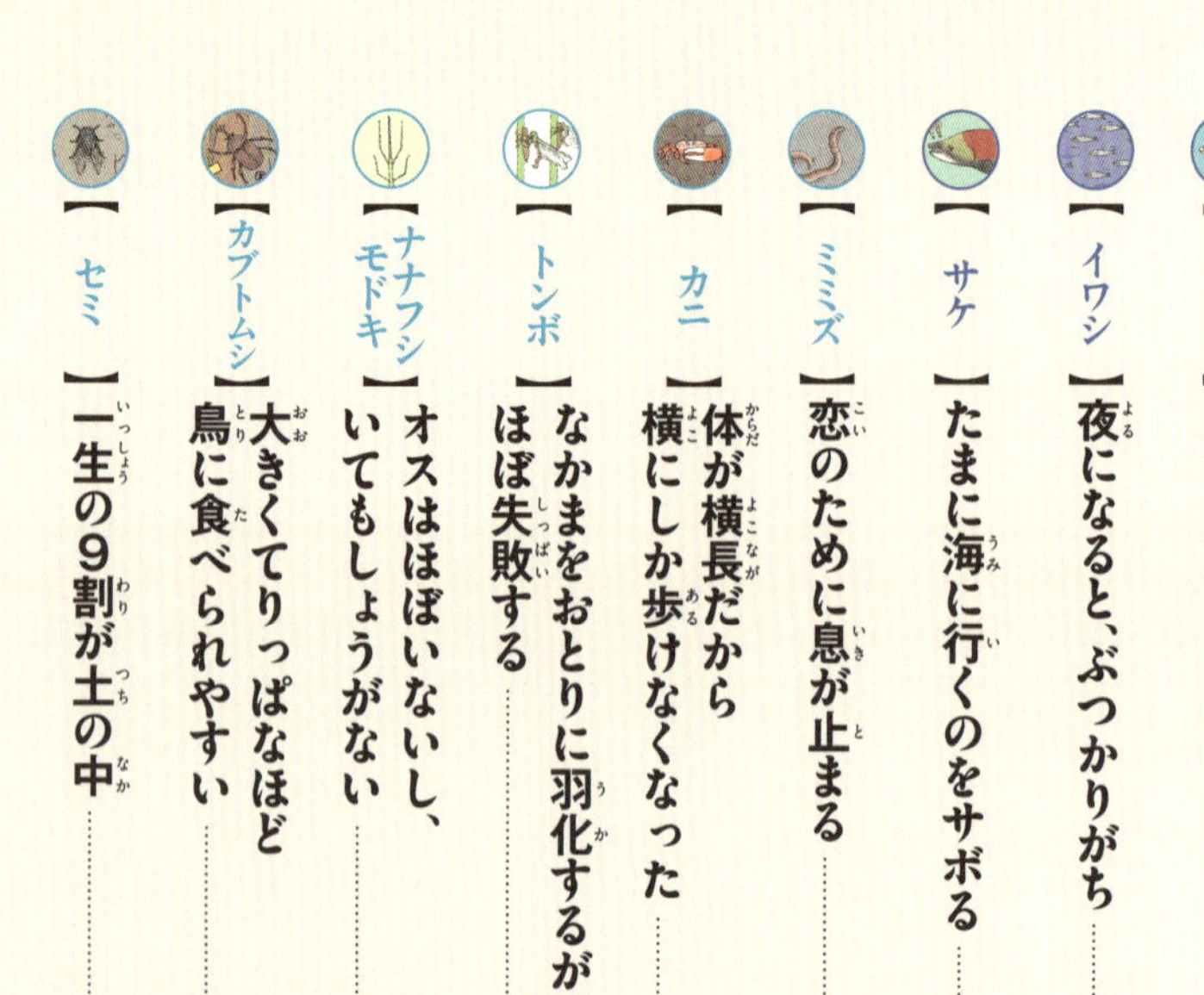

ざんねんをさがせ!

イルカはいるか?

右と同じイルカがこの本に10頭いるぞ。探し出せ!
答えはさくいんにあるよ。

【スタッフ】

イラスト　下間文恵／太田マリコ／上田英津子／おととみお／なめきみほ
執筆　有沢重雄／野島智司／山内ススム
編集協力　吉田雄介（キャデック）／澤田憲
デザイン　AD渡邊民人／D谷関笑子／DTP武田梢
校正　新山耕作

第1章

ざんねんな進化の歴史

ざんねんないきものは
進化の中でうまれました。
その歴史を少し見てみましょう。

ざんねんな進化のおしらせ

進化とは、「くらしている環境に適応して、ムダなく、生きやすい体に変化すること」です。でも、これがとってもむずかしいんです。

【進化とは】

1 ねらってできない

体が変化しても生き残れるかはわかりません。環境に合うかどうかは、運次第です。

2 99.9%以上は失敗する

環境に合った体になることなく、そのまま絶滅することがほとんどです。

そうだったの!?

マンモスは、地球があたたかくなった影響で、食べ物の草が減って、絶滅した。

いまいる生き物は、

たまたま生き残っただけ

人間は進化できない

この先、地球の環境が変化しても、人間は科学技術の力でいまの体にくらしやすい住環境を作ることができます。だから体が変化せず、進化も起きません。

3 強い者が生き残るわけじゃない

それまで強かった生き物が、環境が変化して弱くなり、絶滅することだってよくあります。

4 体や頭脳をきたえてもムダ

せっかく努力して筋肉や知識をつけても、それをほとんど子孫に引き継げません。

ティラノサウルスは、いん石衝突の影響による寒冷化が原因で、絶滅した。

進化には理由がある

進化の理由①気温

進化が起こるきっかけのひとつが、気温の変化です。

いまから7億～6億年前、地球は大地も海も、氷でおおわれていました。ところが5億年前になると、気候変動によりいまよりもあたたかくなります。

その結果、どんな生き物でも生きられるようになり、さまざまな生き物が進化しました。ピカイア、ウミサソリ、オウムガイなど、いまいる生き物の祖先も一気に誕生したのです。

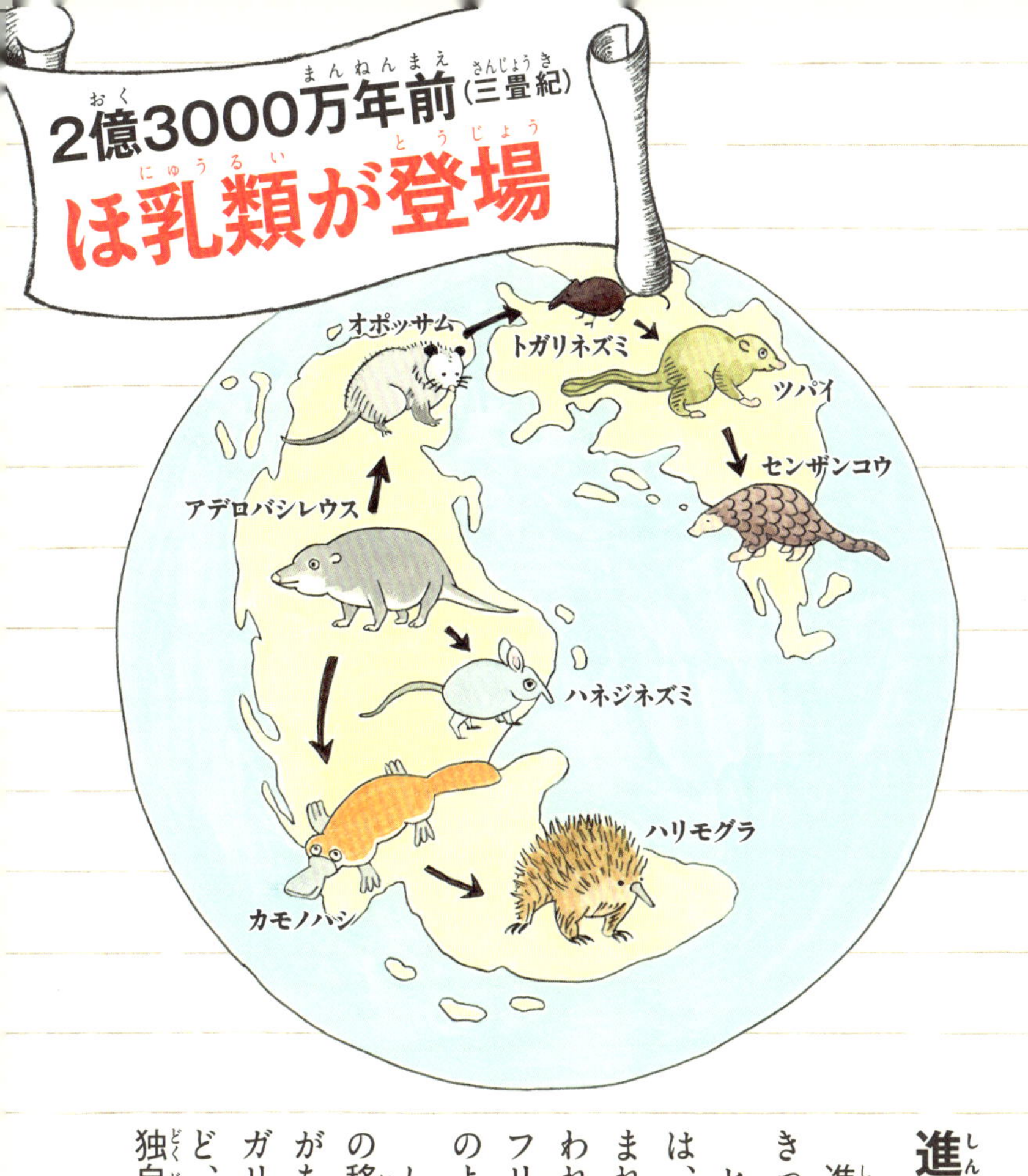

進化の理由②場所

進化が起こるもうひとつのきっかけが、場所の変化です。ヒトをふくむほ乳類の祖先は、約2億3000万年前にうまれました。最古のほ乳類と言われるアデロバシレウスは、アフリカの森にすむ小さなネズミのような生き物でした。

しかしその後、大陸プレートの移動とともに、世界中に子孫がちらばります。そして北はトガリネズミ、南はカモノハシなど、その土地の環境に合った、独自の進化をとげたのです。

ざんねんないきものは、進化の枝分かれでうまれる

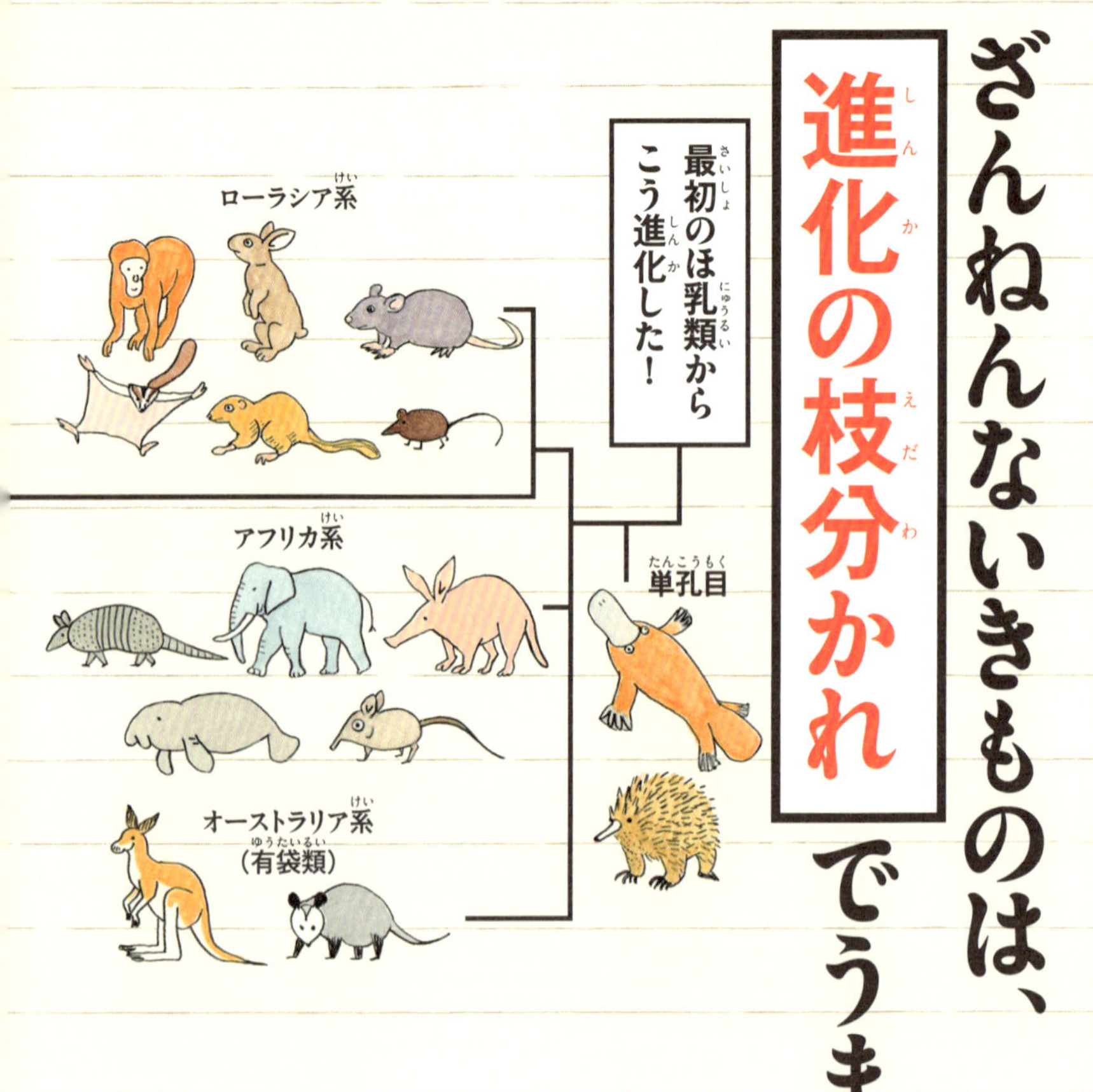

いまの地球には、知られているだけでも約６０００種のほ乳類がいます。なぜ、たった１種類の祖先から、これほど多くの種類に枝分かれしたのでしょうか。

それは、場所や時代によって、進化の正解が変わるからです。たとえば、目の見えないモグラは、一見「ざんねん」に思えるかもしれません。でも、地下でくらすなら、それが正解。真っ

進化の理由③食べ物

食べ物でも進化の方向は変わる。クジラは微生物を大量に食べ、シャチはイルカやアザラシなどの大きな獲物を食べるように進化した。

暗で何も見えないのに、目をもち続けることは、むしろエネルギーのムダづかいだと言えます。

このように生息場所によって、必要なものとムダなものは違います。だから、同じように進化しても、ほかの生き物から見れば、一見、非効率（ざんねん）に思える生き物がうまれるのです。

さらに、運良く進化できても、まったく安心はできません。地球の環境は、ずっと変化し続けています。進化して手に入れたすごい体や能力も、時代や環境が変われば、ざんねんな能力になってしまうことだって、めずらしくないのです。

進化しすぎると、ざんねん

進化は必要ですが、環境にぴったり体を合わせすぎると、逆にピンチを招きます。どういうことでしょうか？

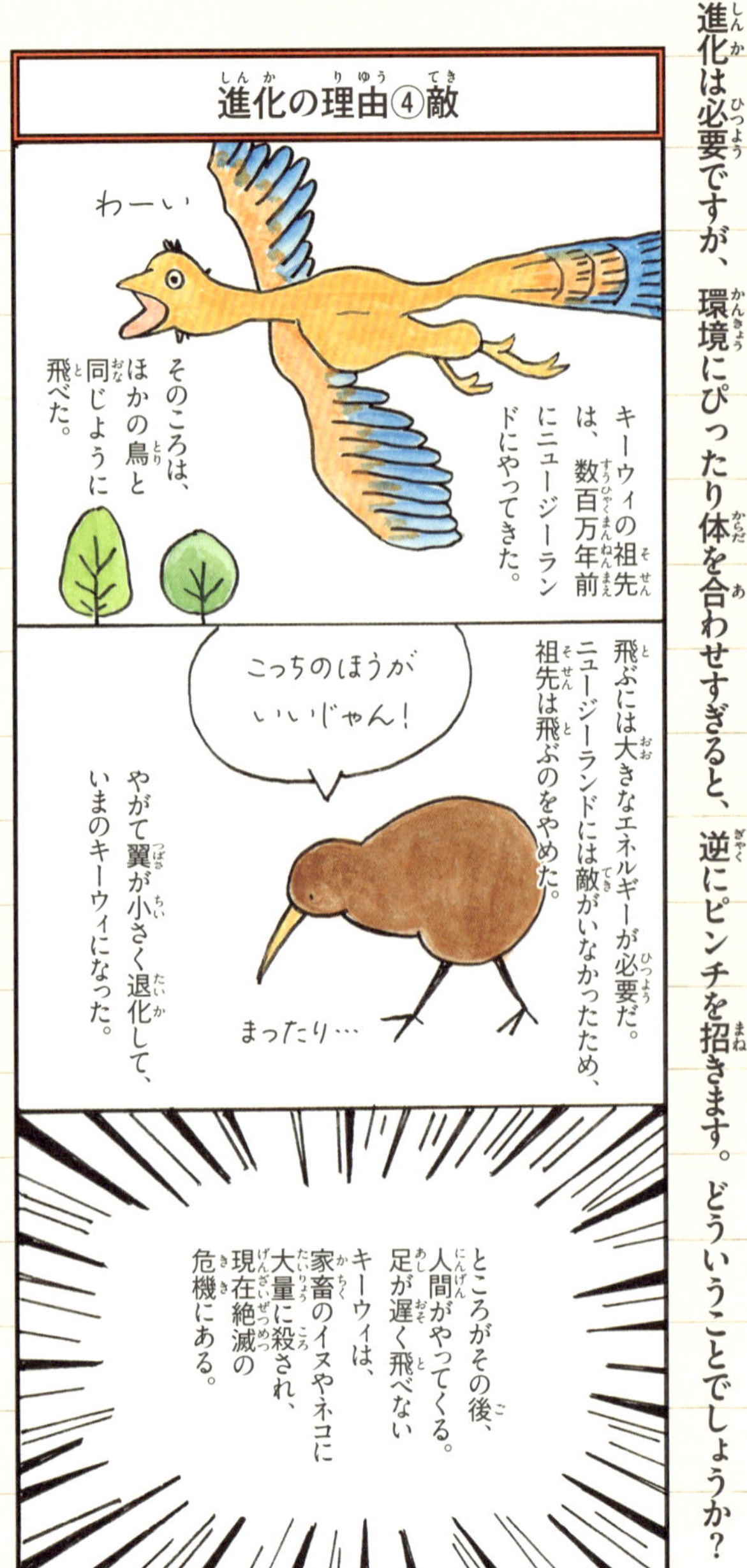

進化の理由④敵
キーウィの祖先は、数百万年前にニュージーランドにやってきた。

わーい
そのころは、ほかの鳥と同じように飛べた。

飛ぶには大きなエネルギーが必要だ。ニュージーランドには敵がいなかったため、祖先は飛ぶのをやめた。

こっちのほうがいいじゃん！

まったり…

やがて翼が小さく退化して、いまのキーウィになった。

ところがその後、人間がやってくる。足が遅く飛べないキーウィは、家畜のイヌやネコに大量に殺され、現在絶滅の危機にある。

ざんねんながら…

進化は、後もどりできません。一度完全にすてた翼、目、指などをもう一度手に入れることはできないのです。だから、環境に適応してムダな部分をすてた生き物ほど、時代が変わると、猛烈に栄えたとしても、絶滅する危険性が高まります。

進化とはくつがえされるもの

数十年前まで、教科書にはこんな説明が書かれていました。「わたしたち人類の歴史は、400万年前にいたアウストラロピテクスから始まりました。」

しかしいまでは、最古の人類は、約700万年前にいた「サヘラントロプス・チャデンシス」であることがわかっています。

生物の研究は、日々進歩しています。新しい技術により、これまでの進化の歴史が、どんどんくつがえされているのです。

クジラの遺伝子（体の設計図）を調べたところ、カバやウシなどの偶蹄目（指が2本か4本あるほ乳類）と、近いなかまであることがわかった。そのため、祖先は同じだとする人もいれば、やっぱり違うと言う人もいる。

進化する「進化のお話」

10～11ページで紹介した進化の考え方（進化論）は、約160年前に、自然科学者のダーウィンによって打ち立てられました。現在でも、その説は正しいとされています。
ところが最近の研究で、ストレスを与えて育てた線虫の子どもは、ストレスに強くなることが確認されました。つまり、親がきたえた精神力が、子に遺伝したのです。これはいままでの進化論の考え方では、あり得ないとされていたこと。進化論も、日々進化しています。

本当のざんねんはない。ざんねんだから、いい。

世界中の海を高速で泳ぐマグロは、迫力があってかっこいい。でも、海底でひっそりとくらすカレイや深海のシーラカンスも、地味に生きていたからこそ、生き残れた。みんな、成功者なのだ。

少し見方を変えるだけで、生き物の「すごい」と「ざんねん」もひっくり返ります。

ネズミは、ネコと戦っても勝てません。でも、ネコよりもはるかに多く、世界中にいます。祖先は体が小さかったからこそ、恐竜が絶滅した時代でも、少ない食料で生きのびられました。

それぞれの生き物が、それぞれの場所で、自分なりのやり方で生きること。そのことに、優劣なんてありません。

ざんねんな人間にならないために

約38億年前にうまれた生命は、進化をくり返して絶滅の危機を乗り越えてきました。しかし、新しい危機が訪れています。人間の登場です。

人間は、たった数十年で、生き物がくらす環境を変え、破壊してしまいます。変化があまりにも急激なので、これまでたくさんの生き物たちが、進化する間もなく絶滅してしまいました。

でも、地球には、いらない生き物なんてひとつもいません。人間から見れば「ざんねん」に思える生き物も、長い時間で見れば、生命のバトンをつなぐために必要な存在なのです。

人間が、進化の歴史をこわすのではなく、つなげる存在になれるように、自然を見守ることが大切です。

第2章

ざんねんな動物

ここでは、ほ乳類を中心に、
近いなかまで代表的な
動物のざんねんを集めました。
どんなかなまに出会えるか、も要チェック!

【ゾウ（ざんーねんーな）】大きすぎて、毛を失う

地上最大の動物であるゾウ。その巨体で、ライオンも追いはらえます。でも、そのために多くのものを失いました。まず毛。大きいほど体に熱がこもりやすくなります。そのため体温が上がりすぎないように、全身つるっぱげです。

つぎに時間。大きな体を保つため、1日に100kgも食べます。このため、一生の半分以上の時間が「ごはん」で終わります。

そしてエネルギー。大きいとしゃがんだり立ったりするだけで、大量のエネルギーがうばわれます。だからゾウは、何をするにも鼻を使うしかないのです。

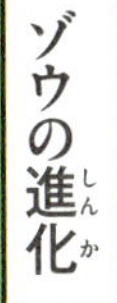

ゾウの進化

どうしてこうなった!?

昔のゾウは小さかった。でも大きいほうが強いので、だんだんと大きくなった。

大きいっていい!

体が大きければ、体重に対して食べる量が少なくてすむ。そのため食事に使う時間も減らせる。だからゾウは、さらに大きくなる方向に進化した。

なるべく動きたくない
良かったり悪かったりかな

大きくなると、体を動かすのに大量のエネルギーを使うようになる。その結果、鼻が長く伸びて、あまり体を動かさないものが生きのびていった。

【長鼻目】のなかま

ゾウのなかまは3種類。共通するのは巨体で、鼻が長く、耳が大きいことです。マルミミゾウはアフリカゾウと似ていますが、サバンナでなく熱帯雨林にすんでいます。

いちばん大きな
アフリカゾウ

人になつきやすい
アジアゾウ

少し小さめ
マルミミゾウ

【(ざん-ねん-な) マナティー】

ゆっくり動きすぎて体からコケが生える

マナティーは、川や湖に生えた水草をゆっくりと食べます。そのため「海の牛」ともよばれています。

あまりにも動きがゆっくりしているため、マナティーの体の表面には、コケ(藻類)が生えるほどです。本来の体の色は灰色ですが、コケが生えると、緑色のまだらもように変化。まるでゴマフアザラシのような見た目になってしまいます。

でも、マナティーたちは、そんなことは気にしません。「おいしそー」と、なかま同士で体のコケを食べ合います。1食あたり2時間もかけてゆっ…くり食べるため、食べ尽くす前にまたコケが生えてきます。

マナティーの進化

どうしてこうなった!?

マナティーの祖先は、5000万年前にいたカバのような動物だ。当時は4本足で歩き、水辺でくらしていたと考えられている。それが海に出た。

北海道で見つかった
サッポロカイギュウで
ございます

2000万年前には、マナティーのなかまは世界中に広がった。体が大きいため動きも遅くなった。しかしほとんどが絶滅した。

まーなんとかー
なるんじゃーなーい

現在いるマナティーも、密漁や船との接触事故などで、少しずつ数が減っていて、絶滅が心配されている。

【海牛目】のなかま

マナティーは海牛目というグループの1種。一生を水の中で過ごすほ乳類で、ゾウに近い種類です。川や湖、海に生える水草や海草などを食べています。

しょっちゅうおならをするアメリカマナティー

マナティーより小さく体はなめらかなジュゴン

やさしすぎて絶滅したステラーカイギュウ

【アルマジロ】(ざんーねんーな)

カルシウム不足でアリを吸い続ける

アルマジロの体は、頭からしっぽまで、かたい板でおおわれています。肉食獣にかまれても、体を丸めてやわらかいおなかを守れば、へっちゃらです。

この鎧のようにかたい板は、皮ふの中にある骨でできています。丈夫な鎧を作るには、骨の材料となるカルシウムやリンをたくさんとらなければいけません。

しかし、アルマジロの主食はアリ。しかも一度に大量に食べることはできず、巣穴に長い舌を入れて少しずつなめとります。りっぱな鎧を保つために、ストローでタピオカを吸い取るような地道な作業をずーっと続けないといけません。

アルマジロの進化

どうしてこうなった!?

アルマジロの祖先は小さく、体長は15㎝くらいだった。背中だけが少しかたく、皮ふの下に骨の板があった。

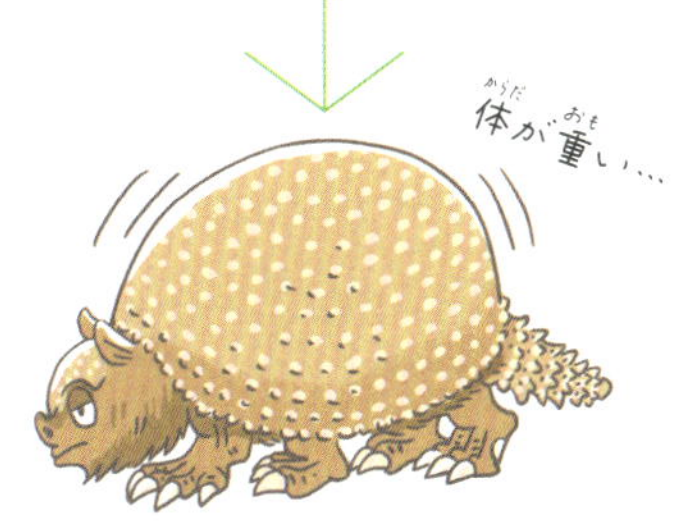

骨の板を保つには、たくさん食べる必要があり、小さな体だと効率が悪かった。そこで巨大化し、大型種だと体長2.7mに進化した。

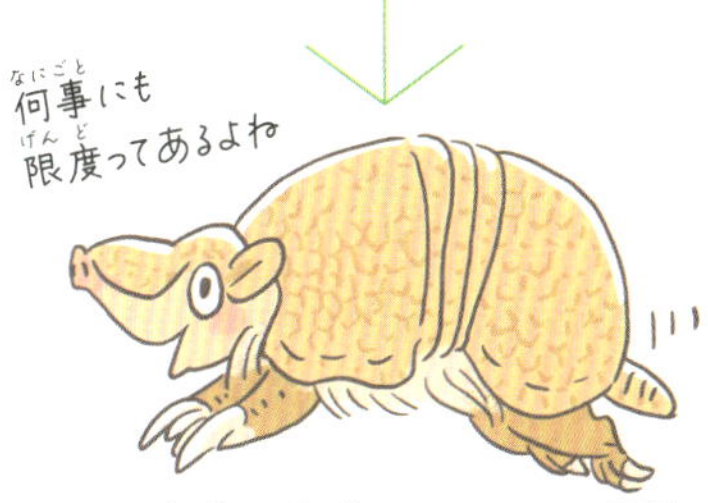

しかし巨大で目立ったことから人間に狩られ、超大型のアルマジロは絶滅した。そして最大1mほどのいまの大きさに落ち着いた。

【被甲目】のなかま

アルマジロのなかまの特徴は、なんといってもかたいこうら。でも、ダンゴムシのように丸まれるのは2種だけです。

完全に丸くなれる
ミツオビアルマジロ

体長が1mもある
オオアルマジロ

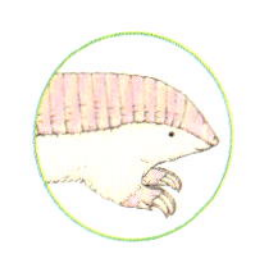

10㎝くらいしかない
ヒメアルマジロ

【（ざんーねんーな）ハネジネズミ】

ひたすら掃除をして1日が終わる

ハネジネズミは、とっても心配性です。なわばりの中に、迷路のように入り組んだ通路を作っておきます。ヘビやトカゲにおそわれたとき、猛スピードで逃げられるようにしているのです。

それでも心配はつきません。「もしも石や小枝で通路がふさがれたら大変だ！」と不安になるのか、食事や睡眠の時間以外は、ひたすらせっせと、通路を掃除しています。1日どころか、一生を掃除にささげるのです。

そんな慎重なハネジネズミですが、ピーナッツバターをえさにしたわなには、かんたんに引っかかります。

ハネジネズミの進化

どうしてこうなった!?

5700万年前に出現したハネジネズミ。ネズミと名前がついているが、ゾウに近いなかまだとわかっている。

ハネジネズミの祖先は足が速く、敵におそわれても、逃げ切れることが多かったと考えられている。

もう掃除が趣味です

安全を追い求めた結果、自分で専用の通路まで作るようになった。そのため、ますます敵につかまりにくくなった。

【ハネジネズミ目】のなかま

鼻が長く、足が細長いのが特徴です。林から砂漠まで、幅広い環境でくらしています。かなり原始的な生き物です。

目のもようがおしゃれな
アカハネジネズミ

背中にもようのある
テングハネジネズミ

毎晩異なる巣を使う
コシキハネジネズミ

【ツチブタ（ざんーねんーな）】食べ方が雑で、胃が砂だらけ

ツチブタは、なぞの多い生き物です。昼間は地面にほった巣穴にいて、まず見つかりません。穴ほり能力はモグラなみで、スプーン状の爪をスコップのように使い、一晩で深さ3ｍの穴もほれます。

主食はアリやシロアリ。アリづかをこわすと、その中に長い舌をペロペロと出し入れしてアリをなめとります。ただ舌がベトベトしているので、一緒に土や砂ものみこんでしまいます。でも、気にしません。筋肉質な胃をグネグネと動かし、土ごとすりつぶすのです。

一応、奥歯もありますが、中心に穴が空いていて、使い道は不明です。

ツチブタの進化

どうしてこうなった!?

これでなんとか…

ツチブタは大昔からいる原始的な動物。いつの時代も、たくさんいるアリやシロアリなどを食べて生き残ってきた。

これで
どんどん
ほるぞ〜!

そんなツチブタも進化をとげる。爪が発達し、鼻がやわらかくなった。このためアリづかをこわしやすくなった。

いちおうキュウリとかは
食べられるけどね〜

アリやシロアリを食べ続けた結果、口がほぼ開かなくなってしまった。

【管歯目】のなかま

ツチブタは、アフリカにのみ生息。近いなかまのいない独立した種で、「管歯目」にはツチブタしかいません。白亜紀のアフリカで、ゾウやジュゴンやハイラックスなどと一緒に分化したと考えられています。

体は超かたいが
頭は超弱い
ツチブタ

へえ〜

（ざんねんな）【ハイラックス】足の裏がいつも汗まみれ

ハイラックスは、忍者のような動物です。サバンナにある岩場の割れ目に、かくれるようにくらしています。

敵は、ライオンやジャッカルなどの肉食動物。おそわれたときは、まるでクモのように、高くそびえ立つ岩や木を駆け上って、逃げることもあります。

岩や木にへばりつくことができるのは、足の裏から出る大量の汗のおかげ。緊張する様子を「手に汗を握る」と言いますが、ハイラックスはベトベトの足汗のおかげで危機を脱しているのです。

ちなみに体は小さいですが、分類上はゾウに近いというなぞの出自です。

ハイラックスの進化

どうしてこうなった!?

あぁ、すがすがしい

ハイラックスの祖先は大きなブタほどの大きさがあり、岩場ではなく、広い平原でくらしていた。

ぎゃあああ
ガオー

しかし、天敵の出現によって、大きなものは平原ではくらしていけなくなってしまい、小さなものが岩場に残った。

ここなら
なんとか…

生活の場を岩場に移した結果、ベトベトの足の裏を手に入れた。垂直な壁も登れるようになった。

【イワダヌキ目】のなかま

ハイラックスは大きなネズミのような姿ですが、牙があり、ゾウに近いです。タヌキとは関係ないのに、日本では「イワダヌキ」という別名がつけられてしまいました。

むれでくらす
ケープハイラックス

トイレがムダに命がけ
キボシイワハイラックス

木登りじょうずの
キノボリハイラックス

【(ざんねんな)ツパイ】

どのなかまにもなれない

熱帯雨林でくらすツパイは、ぱっと見はネズミ、しっぽはリス、耳は人間っぽい形をしています。そのためモグラのなかまか、いや、サルのなかまかもと、なかなか分類が決まりませんでした。

しかし最近、モグラとサルの中間の特徴をもつ、新しいグループだとわかりました。つまり、ツパイのなかまは、ツパイしかいないのです。

なお地域によっては、唐辛子を食べたり、アルコールをのんだり、食虫植物の口にまたがってうんこをしたりと、あまりに奔放な生き方をしています。型にはめられるのがいやみたいです。

ツパイの進化

どうしてこうなった!?

ツパイは、マレー語で「リス」を意味する。最初に発見されたとき、リスとかんちがいされて名づけられた。

ツパイは一時期、モグラのなかまと考えられていた。しかし恐竜時代には、土の中ではなく木の上で生活していた。

でも、名前は変わらないんですよね…

20世紀前半には、脳や目の大きさからヒトと同じ霊長類とされた。しかしその後、どのグループにも属さない動物として見直された。

【登木目】のなかま

ツパイのなかまはほとんどの種が、木の上で生活しています。リスやネズミに近い姿ですが、耳の形はヒトやサルに似ています。

毎日浴びるほどお酒をのむコモンツパイ

ウツボカズラの落とし穴に落ちるヤマツパイ

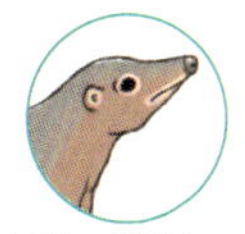

地上で生活する大型のオオツパイ

【チンパンジー】頭が良すぎてうつ病になる

（ざんーねんーな）

チンパンジーは、道具を使ったり、数字を暗記できたりと、人間の4歳の子と同じくらいの理解力があると言われます。

しかし、頭が良いと大変なこともあります。人間がかかる心の病気、「うつ病」になることがあるのです。うつ病になると、気分が落ちこんだり、食欲がわかなくなったり、眠れなくなったりします。

チンパンジーは、ほかのチンパンジーと遊べなくなったり、急に知らないむれに入れられたりすると、うつ病になります。周りのチンパンジーの顔を覚えて、仲よくなれるからこそ、環境が変わるとストレスを感じるのです。

サルの進化

どうしてこうなった!?

まだサルには
見えないよね

サルの祖先は、恐竜時代の終わりごろに誕生した。最初のサルはリスやネズミに似たプルガトリウスとされる。

アリを
取るには
棒が必要！

その後、ときどき2本足で歩くようになって、手が使えるように進化をした。その結果、道具を使えるようになった。

いってえええ
かしこいと大変

サルも「練習」をして道具の使い方を学ぶ。ヒゲオマキザルは、石を使って木の実を割る。でも、最初は石を手や足にぶつけたりする。

【霊長目】のなかま

サルのなかまは木の上で生活しやすい体つきをしています。世界には約350種のなかまがいて、ヒトもそのうちの一種です。

よく骨折をする
テナガザル

大きな鼻がじゃまな
テングザル

自分のベッドに
うんこをする
ヒガシゴリラ

【（ざんねんな）モモンガ】

風に飛ばされて、どこへ行くか自分でもわからない

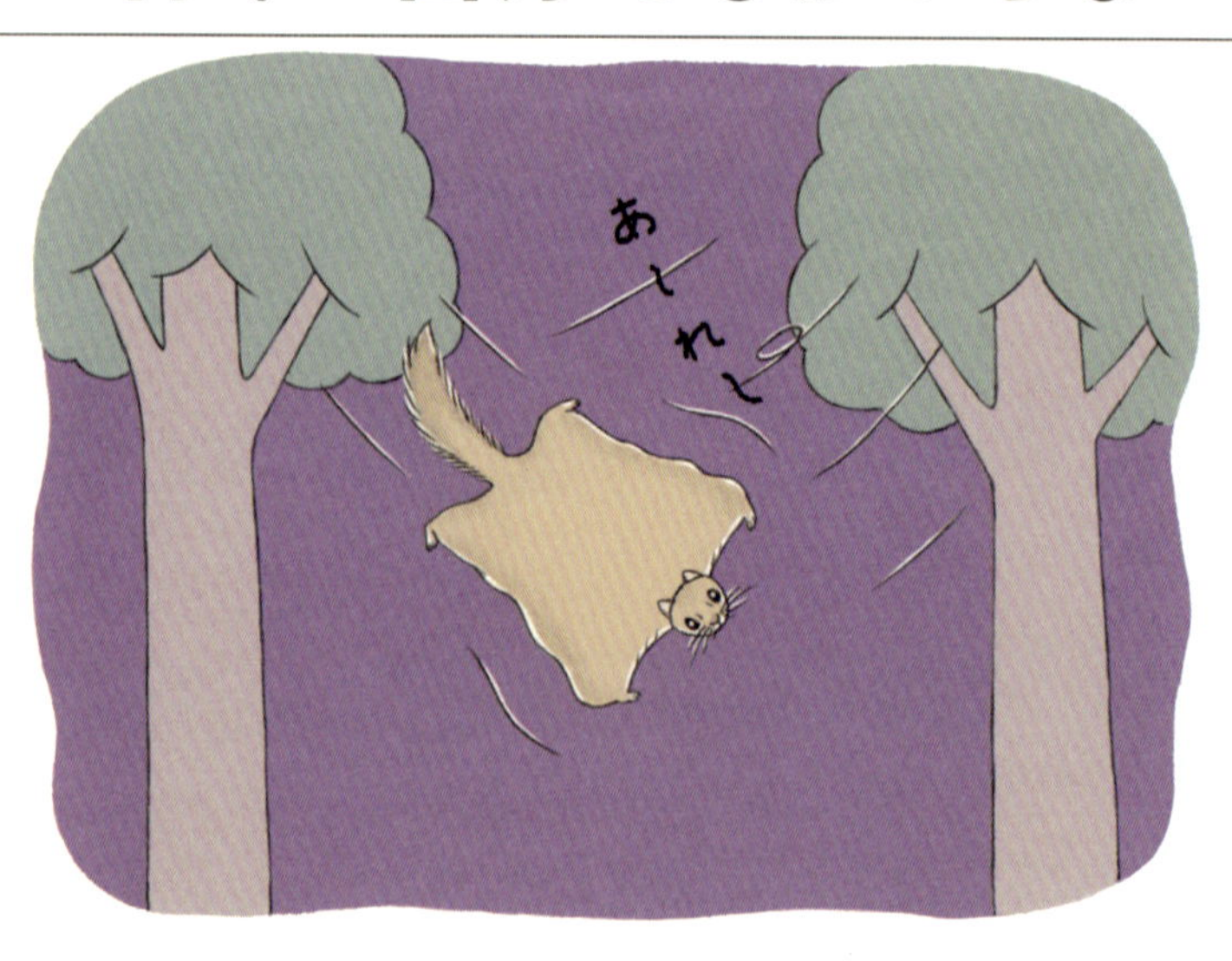

モモンガは、鳥のように自分で羽ばたいて飛ぶことはできません。前足から後ろ足にある、びよーんと伸びた飛膜を広げて、ハンググライダーのように滑空するのです。そのため、どこまで行くかは風まかせ。突風にあおられて、目的地とはまったく別の方向に飛ばされることもあります。

しかも長く飛ぶためには、高い木に登らなければなりません。木に登るより、同じ距離を歩いたほうが、じつはエネルギーを使わずにすむのに…。でも地面を歩くと、キツネなどの敵におそわれるため、飛ばされ続けるしかありません。

モモンガの進化

どうしてこうなった!?

夜なら平和?

モモンガは、もともと昼間に活動していた。しかしほかのリスとの生存競争に負けて夜に活動するようになった。

歩きにくい…

早く森を移動するために飛ぶようになった。歩くとき、飛ぶための飛膜がじゃまになったけど、何しろ安全！

空を飛ぶって
ロマンあるよね～

まったく別の種なのに、モモンガと同じように進化をした動物は、意外と多い。

【げっ歯目リス形亜目】のなかま

モモンガはリスのなかまです。木の上で生活して、木の実などを食べます。大きなムササビも、モモンガのなかまの一種です。

どんぐりを埋めた場所をすぐ忘れるリス

木から降りるのは苦手なムササビ

家族が増えると父が追い出されるプレーリードッグ

【(ざんｰねんｰな) ネズミ】

かたいものを食べないと飢え死にする

ネズミは、「げっ歯目」というグループのなかまです。げっ歯とは、「歯でかじる」という意味。植物の種や米など、いつもかたい食べ物をかじって食べています。

それは、おなかがすくからだけではありません。かじるのをやめると、前歯がどんどん伸びて、突っ張り棒をしたように口が閉じなくなってしまうのです。

ネズミの歯は、永遠に伸び続けます。そのため常にかたい食べ物を食べて、歯をけずらないといけません。歯が伸びすぎて口が閉じられなくなれば、食べ物をのみこめず、飢えて死ぬしかないのです。

ネズミの進化

どうしてこうなった!?

とにかく食べなきゃ！

ネズミの祖先は、4000万年前に現れた。小さな体で生きていくには、たくさんのエネルギーがいるため、たくさん食べていた。

食べます！
食べます！
食べます！

歯がけずれたり折れたりしたネズミは、食べることができずに死んでしまう。その結果、歯がけずれても一生伸び続けるものが栄えた。

もう伸びないで…

そのかわり、かたいものを食べ続けないと、歯が伸び続けて口が閉じられなくなるという、ざんねんな一面もうまれた。

【げっ歯目 ネズミ形亜目】のなかま

ネズミのなかまは、ほ乳類全体の4分の1を占めるほど、種類が多いです。ハムスターやヤマネなど1200種ほどあります。

くすぐられると笑うハツカネズミ

前歯がオレンジ色のビーバー

わざと食べ物をカビさせるカンガルーネズミ

（ざんーねんーな）ウサギ

赤ちゃんを置き去りにする

じつは多くの魚類、は虫類、両生類は子育てをしません。子の世話をする親は少数派なのです。

ただ、ほ乳類でも、ウサギの子育てはかなり独特。母親はヤブや巣の中で赤ちゃんをうんだら、すぐにどこかに行ってしまいます。そのあとは、1日に1回くらい、お乳をあげるときだけもどってくるのです。

親子が一緒にいる時間は、1日たったの5分から20分。母親がはなれるのは、オコジョなどの天敵を子に近づけさせないためですが、あまりに放置しすぎではないでしょうか。

ウサギの進化

どうして こうなった!?

だって外に出たいじゃない

3500万年前のウサギは、巣穴に子どもをかくして、外からもどったときにお乳をあげていたようだ。

↓

だって外にいたいじゃない

栄養のある濃いお乳を出せるように進化した結果、長い時間お乳をあげなくても子どもが育つようになった。

↓

子ウサギは、母ウサギが帰る時間が近づくと、巣穴の外に出て待つようになった。その結果、敵におそわれてしまうこともある。

【ウサギ形目】のなかま

ウサギのなかまは、耳が長く、後ろ足が大きく発達しています。丈夫な前歯で、植物を切って食べます。

うんこを肛門から
直に食べる
アナウサギ

モフモフすぎて
生命が危ない
アンゴラウサギ

声が小さくて
絶滅しそうな
イリナキウサギ

【（ざん-ねん-な）ハリネズミ】

針を立てて自分を守るが、結局針のない顔を食べられる

ケープハリネズミの背中には、約5000本もの針（トゲ）が生えています。長さは2㎝前後。爪と同じ成分でできていて、とてもかたいです。

ハリネズミは、肉食動物におそわれると背中の針を立てて、やわらかい顔やおなかをかくすように丸まります。その見た目は、タワシそのもの。どうやっても針が刺さるので、肉食動物もかみつけません。

でもなかには、かしこい敵もいます。ハリネズミが丸まると、そばで座って静かに待つのです。周りが見えないハリネズミが「もういいかな？」と、顔を上げたら最後。ガブリと食べられてしまいます。

ハリネズミの進化

どうしてこうなった!?

昔のハリネズミには、トゲはなかった。全身がやわらかい毛におおわれていた。

毛がかたいハリネズミのほうが、敵におそわれにくく、生き残った。その結果、全身の毛がトゲになっていった。

毛がトゲに進化したことで、丸まって敵から身を守れるようになった。

【ハリネズミ形目】のなかま

ハリネズミのなかまは世界中にいて、どれも背中がするどいトゲでおおわれています。モグラやトガリネズミやソレノドンとも近い種です。

鬼のような顔で泡を吐く
ナミハリネズミ

アフリカうまれで顔が白い
ケープハリネズミ

【（ざん-ねん-な）トガリネズミ】

ネズミじゃないのに小さいからネズミにされた

ネズミではなく、モグラのなかまです。しかし、昔の人が「鼻先がとがったネズミっぽい」とかんちがいして、トガリネズミと名づけられてしまいました。

そもそもネズミとモグラは、何が違うのでしょう。しっぽは、ネズミが長く、モグラは短い。すむ場所は、ネズミは地上で、モグラは地中。ネズミは丸い目がありますが、モグラの目は点のようでほぼ見えません。

こんなにわかりやすいのに、間違えるほうが失礼だと思うでしょう。でも、トガリネズミは、「しっぽが長くて地上を歩く瞳がつぶらなモグラのなかま」なのです。ああ、ややこし。

トガリネズミの進化
どうしてこうなった!?

トガリネズミは体重2gしかないものもいる。昔はこうした小さな動物をだいたい「ネズミ」とよんでいた。

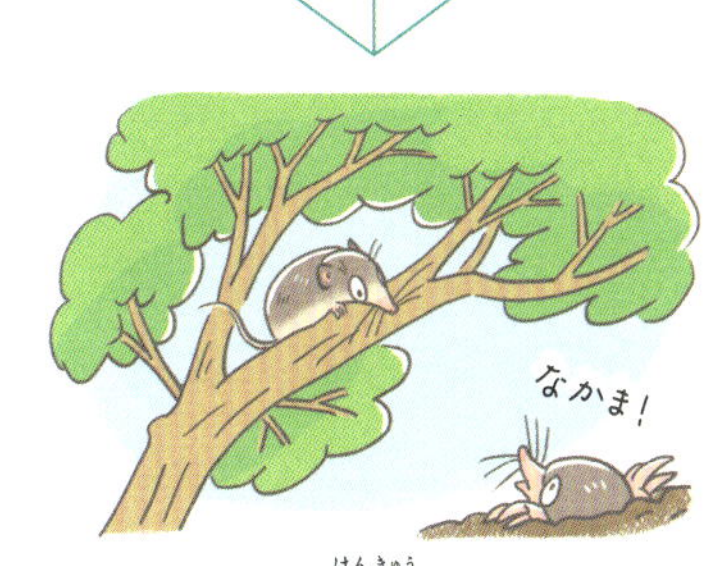

しかし、のちの研究で、ネズミとは縁遠いことが判明。昔からいるとても原始的な動物で、モグラに近いなかまだとわかった。

ちなみに、2億年以上前にいた最古のほ乳類アデロバシレウスも、体の形はトガリネズミにそっくりだったと考えられている。

【トガリネズミ形目】のなかま

トガリネズミのなかまは細長く、とがった鼻が特徴です。水辺や土の中など、さまざまな環境でくらしています。

3時間食べないと飢え死にする
チビトガリネズミ

電車ごっこで歩く
ジャコウネズミ

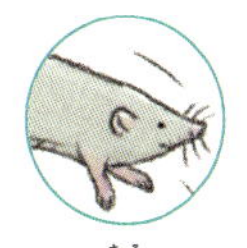

ネコに遊ばれる
ニホンジネズミ

【(ざん-ねん-な) コウモリ】

超能力を使ったら、顔面がホラーになった

ドラキュラのモデルになったコウモリは、暗くて周りが見えない夜に活動します。音（超音波）を出し、その反響によって、障害物や獲物の位置を探れるように進化しました。のどから出た超音波は、鼻の穴を通って2方向へ広がります。短くつぶれた鼻はこれに適した形なのです。

また、動物の血を吸うナミチスイコウモリは、鼻の上にあるセンサーで、獲物の体内に流れる血を感知するようです。このため鼻が反り上がり、ホラーな顔面に見えるのです。

しかし、超音波を鼻から出さないコウモリは、鼻の形がきれいなまま。超能力の代償は大きいようです。

コウモリの進化

どうしてこうなった!?

コウモリの祖先は、トガリネズミのような姿をしていた。昔は、飛ぶことも超音波を出すこともできなかった。

その後の進化で、手が翼になり、空を飛べるようになった。移動できる範囲が広がり、食べ物がたくさんとれるようになった。

超音波を出して、獲物の位置が正確にわかるようになったが、鳥に負け、夜の世界で種類が増えていった。

【翼手目】のなかま

コウモリのなかまは、2つに分けられます。そのうちの1つである大型のオオコウモリの多くは、超音波を出さず果実を食べます。

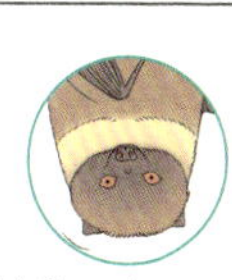

超音波は使えないが、嗅覚と視覚が発達
オオコウモリ

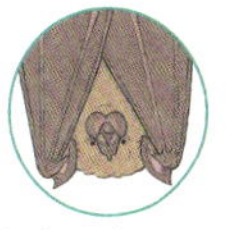

超音波を鼻から出す
キクガシラコウモリ

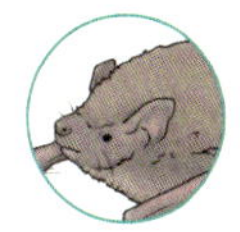

超音波を口から出す
アブラコウモリ

【(ざん-ねん-な) センザンコウ】

舌が長すぎて体内をUターン

センザンコウは、シロアリの巣をこわし、そこに長～い舌を出し入れして、アリをなめとります。舌の長さは、最長で40㎝。これは外から見えている部分で、体の中にも同じくらい長い舌が埋まっています。つまり全長80㎝もあるのです。

引っこめた舌をたどっていくと、まずのどの部分で「Z」の字の形に舌が折れ曲がります。さらに、胸を通りすぎて、おなかのいちばん奥で大きく上へカーブ。肺を仕切っている横隔膜の近くの肋骨に、舌の根元があります。長すぎて、舌がおなかの中をほぼ一周しそうです。

センザンコウの進化

どうしてこうなった!?

ワニ?
森の魚?
7000万年前

センザンコウは、7000万年前から姿を変えていないと言われている。化石がほとんど出ず、進化はなぞにつつまれている。

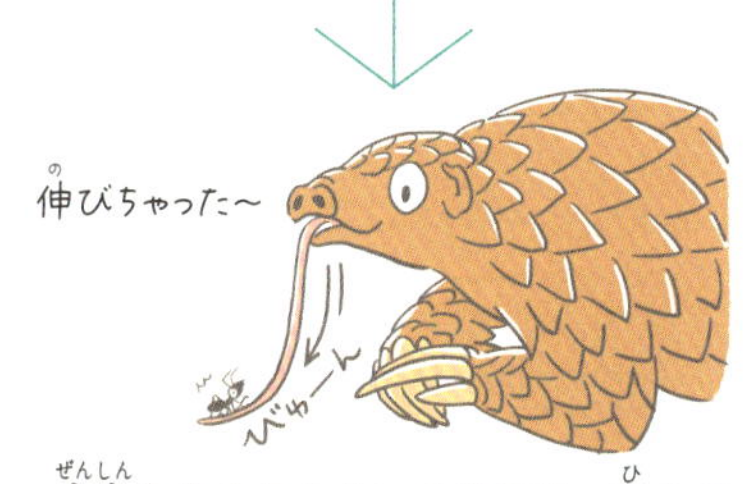

全身をおおうかたいうろこは、皮ふではなく、毛が変化したもの。舌が伸びて、歯がなくなって、アリを食べやすくなった。

よく似たアルマジロとは、まったく別の動物で、くらす地域も異なる。それでも「こうらで身を守る」という点は共通している。

【鱗甲目】のなかま

体がかたいうろこにつつまれています。長い舌を使い、1年で700万匹ものアリを食べる能力があります。アフリカやアジアにくらします。

全長1.5m以上の
オオセンザンコウ

体よりも
しっぽが長い
オナガセンザンコウ

うろこが薬になると
信じられている
ミミセンザンコウ

【(ざん-ねん-な) カモノハシ】

くちばしがじゃまでミルクがのみにくい

母ちゃん、
くちばしって…いる？
おとなになれば
わかるわよ…

カモノハシは、ヒトと同じ、ほ乳類です。母親は、赤ちゃんに乳を与えて育てます。

ところがカモノハシには、母乳を出すための乳首がありません。おなかにたくさんある小さな穴から、汗のように母乳がしみ出てくるのです。

さらにカモノハシは、ほ乳類なのに鳥類のようなくちばしがありますす。このくちばしは、母乳をのむにはとてもじゃま。赤ちゃんは皮ふのしわの溝にたまったのをなめたり、毛についたのを吸ったりして、少しずつしか母乳をのめません。無人島で葉っぱにたまったしずくをなめて生きるような、せつない生活です。

カモノハシの進化

どうしてこうなった!?

ずっといるよ!

カモノハシは原始的な動物。もっとも古いのは250万年前の化石だが、いまと変わらない姿をしている。

いろいろ混じってるよ

ほ乳類なのに子どもは卵でうみ、母乳で育つ珍しい動物。は虫類からほ乳類に変化する途中の動物と考えられている。遺伝子もほ乳類、は虫類、鳥類のものが入り混じっている。

ちょっとワニみたい!?

カモノハシのオスは、後ろ足の毒針で攻撃をする。は虫類っぽさが残っているといえる。

【単孔目カモノハシ科】のなかま

カモノハシ科のなかまで、生き残っているのはカモノハシだけ。うんことおしっこ、卵がひとつの穴から出るので「単孔（ひとつの穴）類」と言います。ハリモグラも同じ単孔類です。

歯はすべて抜けるカモノハシ

【ハリモグラ（ざん-ねん-な）】オスがストーカーになる

ハリモグラは、いつもは単独でくらします。しかし子作りの時期になると、メスが体からオスを引き寄せるにおいを放ちます。すると、においにつられて、オスたちが集合。1頭のメスに10頭ものオスが集まることもあります。

集まったオスたちは、1列に並んでメスの後ろについていきます。その様子は、まるで電車ごっこのようです。

なんだか楽しそうですが、参加者が増えたところで、いちばん強いオスを決めるため、「そことそこ、戦って」という感じでケンカになります。優勝したオスだけがメスと結ばれ、あとは解散です。

ハリモグラの進化

どうしてこうなった!?

何の祖先か、
もはやわからないよね

約１億6700万年前にいたトガリネズミのような動物が、ハリモグラやカモノハシ（単孔類）の共通の祖先と考えられている。

ぼくは有袋類の
祖先！

ハリモグラの祖先は、おなかに袋のある「有袋類」と姿が似ていた。しかし、ハリモグラ（単孔類）は、有袋類とは枝分かれして、進化していった。

卵をうむのも
大変なのよ

ハリモグラのメスのおなかには、子どもを育てるためのひだ状の袋がある。そこに卵をうみつけ、子どもを育てる。

【単孔目ハリモグラ科】のなかま

ハリモグラは、全身がトゲでおおわれています。アリやシロアリを食べる種類と、主にミミズを食べる種類があります。

アリやシロアリを食べるハリモグラ

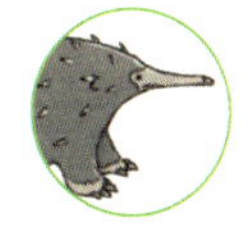

ミミズが大好物のミユビハリモグラ

あれまあ

【（ざんねんな）オポッサム】

母によじ登らないと生き残れない

キタオポッサムは、一度に20頭前後の赤ちゃんをうみます。赤ちゃんは、ミツバチほどの大きさしかありません。それでも地面にうみ落とされると、自力で母親の体をよじ登り、おなかの中にある袋に入ります。自力で登れる強い生命力があるかどうか、試されているのです。

袋に入っても、まだ安心はできません。赤ちゃんは、母親の乳首から乳を吸って育ちます。しかし、乳首の数は13個。うまれた赤ちゃんの数よりも少ないデスゲーム仕様になっているのです。

乳首争奪レースに負けた赤ちゃんは、飢えて死ぬしかありません。

オポッサムの進化

どうしてこうなった!?

生きづらい世の中です

有袋類の祖先は、ほかの動物との競争に負けて、南アメリカ大陸やオーストラリアに追いやられた。

やがてオーストラリアが海で囲まれ、独立した大陸となる。外敵の影響を受けなくなった結果、独自の進化をし、カンガルーやコアラなどが誕生。

しかし、アメリカ大陸では、厳しい生存競争に勝てず、ほとんどの有袋類が絶滅。オポッサムしか生き残らなかった。

【有袋類 オポッサム形目】のなかま

オポッサムのなかまは大きいネズミのような姿をしています。有袋類ですが、子どもは大きくなると袋には入りきらず、背中につかまります。

死んだふりが得意な
キタオポッサム

木の上でくらす
メキシコマウス
オポッサム

泳ぎが得意な
ミズオポッサム

【(ざんーねんーな) カンガルー】

体がはみ出しても、母の袋に入り続ける

母親のおなかの袋で子育てをするカンガルー。生後間もない赤ちゃんの重さは1gで1円玉と同じです。

その後、生後8か月になると、子どもは母親の袋からひとり立ちします。そのときの体重は約10kg。短期間で1万倍もの重さになります。

ただ、母親の袋の居心地が良すぎるのか、なかなか出てこない子もいます。もはや、袋に体が収まりきらず、顔の横から後ろ足が飛び出ている子も。さらに、1歳を過ぎてもお乳をせがんで、母親の袋に顔をつっこんでくる子もいます。

それでも平気な顔をしている母の袋と愛情の大きさは異次元です。

カンガルーの進化

どうしてこうなった!?

ほぼネズミ?

1億2500万年前、最初の有袋類であるシノデルフィスは、トガリネズミのような姿で、カンガルーとはまったく似ていなかった。

子育てには
やっぱり、
袋が必要

その後、オーストラリアが海で囲まれた。大きな肉食動物が入れなくなったことで、独自の進化をとげ、カンガルーなどの有袋類が現れた。

どんどん大きく
なっちゃって…

有袋類の袋は、最初はただのしわだった。しわが深いほど、赤ちゃんが振り落とされずに良く育ったので、どんどんしわが深くなり、袋になったとされる。

【有袋類 双前歯目】のなかま

カンガルーのなかまは後ろ足が発達しているのが特徴。おなかに袋がある有袋類の1種で、ウォンバットやコアラ、フクロモモンガも近い種類です。

心を病みがちなクアッカワラビー

うんこが四角いウォンバット

ユーカリの毒のせいで一日中寝ているコアラ

▽ざんねんな体

生き物が進化するとき、体の部位が大きく変わることが多いです。なかには、ちょっと変わった進化をとげた生き物もいます。

その1 目

目は、獲物をつかまえるとき、または、敵から逃げるときなどに必要で、生き残るために重要な器官です。

サバクツノトカゲの目

敵に追い詰められると目から血を飛ばして、いかくします。

インドカワイルカの目

すんでいる川がにごりすぎていて、何も見えません。目にたよるのをやめたため、目が見えなくなりました。

シュモクバエの目

オスの目がはなれていればはなれているほど、メスにモテます。

まじか

その2 歯

ものを食べるときや戦うときに使う歯も、生き物によって、さまざまに進化をしています。

イッカクの歯

オスの左の前歯が伸びに伸び、くちびるを突き破って、ついには角になります。

カタツムリの歯

なんと2万本もあり、さわるとじょりじょりします。

その3 足

進化によって、歩くための足におどろきの機能が加わった生き物もいます。

その4 毛

毛は体の保護や保湿のために生えますが、斬新な使い方もされます。

ゾウの足

地面を伝う音を足の裏で感じ取ることができます。

ゴエモンコシオリエビの毛

ボーボーの胸毛の中で、菌をすまわせ、それを食べます。

アオアシカツオドリの足

オスの足は、青ければ青いほどメスにモテます。

サケイの毛

ヒナは、ぬれた親鳥の胸毛をちゅーちゅー吸って水を得ます。

【ライオン】(ざんねんな)オスはすぐになまける

「百獣の王」ともよばれるライオン。オスのたてがみは迫力があり、いかにも強そうです。しかし狩りには、何の役にも立ちません。獲物から目立つうえに、風の抵抗を受けて速く走れないのです。

さいわい、狩りは、メスたちの仕事。そのあいだ、オスは近くでゴロゴロしています。狩りの成功率は20～30%とただでさえ低いのに、メスたちが食べる前に獲物を横取りすることもあります。

一応オスにも、ほかのオスからむれを守るという大事な役割があります。もし負ければ自分が追い出されるため、ダラダラしているあいだも心はドキドキです。

ライオンの進化

どうしてこうなった!?

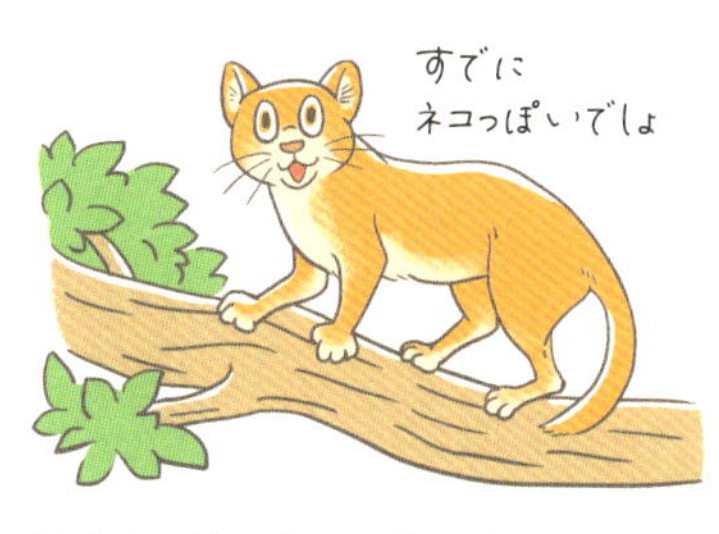
すでに
ネコっぽいでしょ

ライオンは、ネコのなかまだ。いちばん古いネコ科の動物は1000万年前に誕生したと考えられている。

640万年前には、ライオンと同じヒョウのなかまの祖先が登場した。その後、少しずつ大型化していった。

だってメスの
ほうが、狩りが
うまいんだもん

最古のライオンの化石は200万年前の東アフリカで見つかっている。むれを作り、オスがメスを守るかわりに、メスが狩りをするようになった。

【食肉目ネコ科】のなかま

ネコのなかまは肉食で、多くは単独で行動し、獲物にしのび寄ってとらえます。美しいもようの毛皮をもつものが多くいます。

狩りがへたなトラ

すぐに息が切れるチーター

耳が良すぎて狩りに失敗するサーバル

【(ざんーねんーな) オオカミ】

うっかりほえて、獲物に居場所がバレる

　オオカミは遠ぼえをすることで有名です。遠ぼえは、ほかのむれとお互いのなわばりを確認するためです。

　もし、違うむれのなわばりに入れば、どちらか死ぬまで戦うことに。そこで遠くまで聞こえる声で鳴き、存在をアピールするのです。ただし、そのせいでほかの動物にも居場所がバレます。

　遠吠えにもいろいろとあり、「アオーン」とほえるオオカミの横で「ワァオワァオ」と絶妙な合いの手を入れるオオカミもいます。また、聞こえてきた遠ぼえが、自分たちのむれより大きいと、スン…とだまるなど、鳴き声で考えもバレバレです。

オオカミの進化

どうしてこうなった!?

オオカミは、イヌのなかまだ。3500万年前に北アメリカに出現したヘスペルキオンという動物が、イヌのなかまの直接の祖先。

1000万年ほど前になると、タヌキ類が現れ、800万年ほど前にはキツネ類が現れた。そしてアジアへ移動してきた。

イヌのなかまは、進化してむれで狩りをするようになった。いろいろな鳴き声を使ってコミュニケーションをとるのである。

【食肉目イヌ科】のなかま

進化したものはむれを作り、なかまと協力して狩りをします。ほえることでコミュニケーションをとる種類もいます。

狩りも子育てもむれでするオオカミ

むれを作らないキツネ

うんこで情報を伝え合うタヌキ

【(ざん-ねん-な) ホッキョクグマ】

育児中は8か月食事なし

ホッキョクグマは、春から秋はほとんど何も食べず、冬だけたらふく食べる生活をしています。

冬は海が凍るため、アザラシやサケなどの獲物を歩いて探せます。しかし春には氷がとけ、アザラシがつかまえられなくなるのです。

さらに子どもを身ごもっている母親は大変です。9月ごろからのまず食わずで、子どもをうむため巣穴に入り、冬になると出産します。

それから巣穴に閉じこもって、5月ごろまで何も食べずに子どもにお乳を与え続けるのです。

最大で8か月間、何も食べられません。

ホッキョクグマの進化 どうしてこうなった!?

【食肉目クマ科】のなかま

クマのなかまは、ずんぐりとした体と太い足が特徴です。ホッキョクグマは肉を食べますが、ほかのクマは、主に木の実などの植物を食べます。

ササしか食べないジャイアントパンダ

毛の下の肌は黒いホッキョクグマ

冬眠中おしりの穴をうんこでふさぐニホンツキノワグマ

キツネではございません

最古のクマは、およそ3000万年前に登場したウルザブス（アケボノグマ）だ。このころは、キツネのような姿をしていた。

シロアリ吸ったり…

クマのなかまは世界中に広がり、それぞれがすむ場所に適応して、独自に進化していった。

寒すぎて、子どもが10kgになるまで巣穴から出られません

40万年ほど前、アジアにいたヒグマが北アメリカへ侵入したとき、北極で進化したのが、ホッキョクグマの祖先だ。

アシカ（ざんねんな）おぼれ死ぬギリギリまで寝る

カリフォルニアアシカの祖先は、なんとイヌのなかまです。陸での生存競争に負けて、ライバルの少ない海に進出して生きのびたと考えられています。

そのため呼吸はエラではなく肺で行い、定期的に息つぎをしないと水中にいられません。1回の潜水時間は、3～15分と短め。長く潜りすぎたのか、水族館ではおぼれて死ぬアシカの子どももいます。

眠るときも安心できません。水中で眠ると、海底まで体が落下。起きたらあわてて浮上し息つぎです。深いところでは、鼻先だけを水面から出して眠ることも。人間だったら悪夢しか見られなそうです。

アシカの進化
どうしてこうなった!?

どことなくアシカ感ある?

約3800万年前アシカの祖先は、カワウソのような姿をしていた。足はまだ、ヒレ状ではなかった。

ヒレのような足がチャーミングでしょ?

水辺でくらすようになり、水中でくらしやすい体になったものが現れた。

エラ呼吸ができたら最高なのに…

やがて耳や鼻の穴を自由にふさげるなど、完全に水中に適した体に進化した。いっぽうで、水中では呼吸ができないため、眠るのには苦労している。

【食肉目アシカ科】のなかま

アシカのなかまは大きな前ビレを使って、水中を自由に泳げます。後ろビレは、前に曲げることができ、陸上を歩くこともできます。

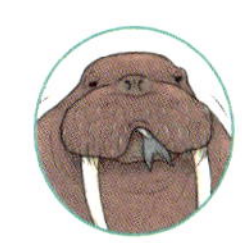

魚の小骨が苦手なセイウチ

強くないとオスは子孫を残せないキタオットセイ

海のギャングとよばれるトド

【(ざん-ねん-な) アザラシ】

うまれてすぐ海につき落とされ、沈められ、置き去りにされる

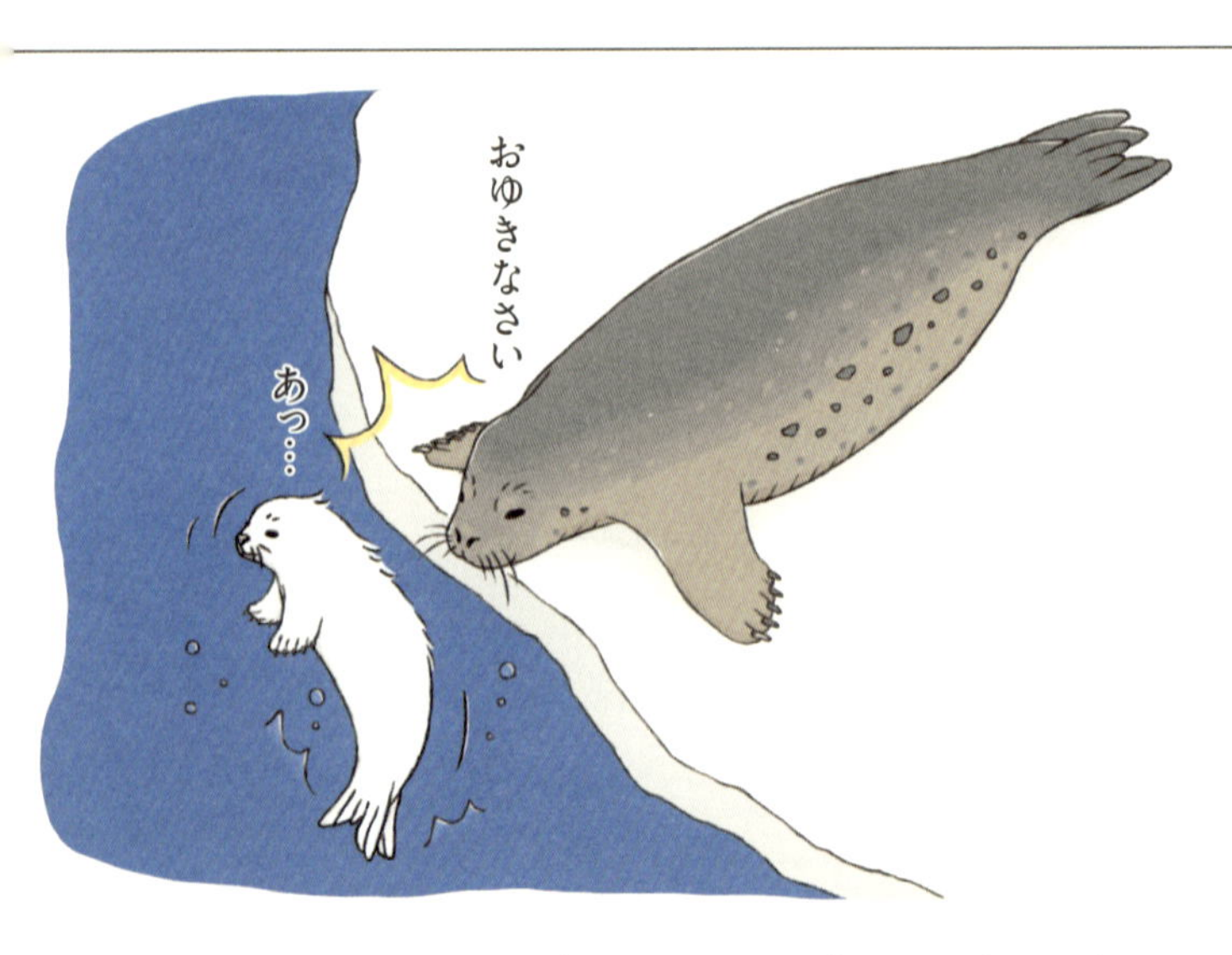

アザラシは冷たい流氷の上でうまれます。母親は10日間のまず食わずで赤ちゃんにお乳をあげますが、やがて子どもを海につき落とします。

アザラシは海の中で食べ物を探しますが、赤ちゃんは怖がってなかなか海に飛びこみません。なので、後ろから容赦なく押すのです。

さらに、ぷかぷか浮いている赤ちゃんを、何度も海に沈ませます。

やがて10日たつと、「もうええでしょ」と授乳をやめ、そのまま去ります。ズキンアザラシにいたっては4日でお別れ。赤ちゃん1頭でいたほうが敵に見つかりにくいとはいえ、厳しすぎる子育てです。

アザラシの進化

どうしてこうなった!?

もはやふとんを
着ているようなもんです

冷たい海でくらす、アザラシの祖先は、アシカの祖先に近いです。皮ふの下には、ぶ厚い脂肪があり、寒さで動けなくなることはない。

ほらほら!

脂肪は水よりも軽いため、水に沈みにくくなる。水中にもぐっても、すぐに体が浮かないように、子どもは泳ぎと狩りの練習をする。

あったかい場所で
もっと甘えたいよ…

アシカとくらべて水中の狩りに特化したアザラシは、地上ではイモムシのように転がっている、弱い存在。母子でいると目立つため、お乳をあげる期間が短くなったと考えられる。

【食肉目アザラシ科】のなかま

水中を泳いだり、狩りをしたりするのがうまいです。でも、ヒレ状の足があるため、足を前に曲げることができません。地上では、はって移動します。

湖に迷いこんで生き残ったバイカルアザラシ

鼻から風船を出すズキンアザラシ

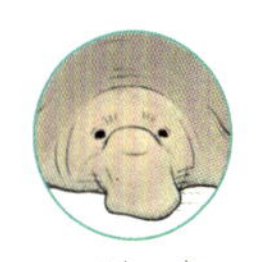

なぜか石を食べるゾウアザラシ

【(ざんーねんーな)イタチ】

うんこで会話する

イタチは、うんこのにおいをかいで、なわばりや体調などの情報をなかまと交換します。

　これができるのは、「ためふん」のおかげ。イタチは一度トイレの場所を決めると、わりと同じような場所にうんこをします。

　さらに、おしりの穴の近くから、うんこよりもくさい黄色い液体が自動的にうんこにぬりつけられます。こうして限界を突破したうんこ臭を風にのせてまき散らし、なかまと情報を交換するのです。

　このくさい液体は、防御でも活躍。敵にめがけて発射し、地獄のような苦しみを与えて逃げます。

イタチの進化

どうしてこうなった!?

イタチより強そう?

4000万年以上前にミアキスという、イヌとネコの中間の動物が登場。クマのなかまと枝分かれして進化した末に、イタチのなかまがうまれた。

ぼくら、姿もばらばらです

イタチのなかまは、山、森、川、草原など、さまざまな場所に進出した。その場所に適応して進化を続けてきたので、さまざまな姿のものがいる。

すてきなかおりでしょ?

イタチのなかまには、どれも臭腺があって、姿は違ってもそこからくさい液を出すことは共通している。

【食肉目イタチ科】のなかま

胴が長くて足が短い体形が特徴です。地上や木の上で生活する種類、水辺や水中で生活する種類など、さまざまな環境に応じたなかまがいます。

ミツアナグマともよばれるラーテル

家族でうんこをぬりたくるオオカワウソ

食べ続けないと凍え死ぬラッコ

【（ざんーねんーな）ウマ】

1本指で体を支え、指が折れたら死ぬ

ウマの足の先にあるひづめは中指が大きく進化したものです。つまりウマは、中指1本だけで、つま先立ちしているような状態なのです。

このように進化したのは、より速く走るため。指が5本より1本のほうが、地面をける力が一点に集中します。地面をより強くけり、体を前に押し出すことができるのです。

そのかわり、1本指で500kg近い体重を支えることになるため、すぐに骨が折れます。しかも、自然では人間のようにじっとしていられないため、一度折れると治りません。食べられずに飢えて死ぬか、肉食動物におそわれてしまいます。

ウマの進化 どうしてこうなった!?

5本指が基本なのよ

ウマの祖先は柴犬ほどの大きさで、足の指が5本あった。しかしその後、もっと速く走れるように少しずつ足の指の数が減り、草原でどんどん大きくなった。

まだ3本の指があるのです

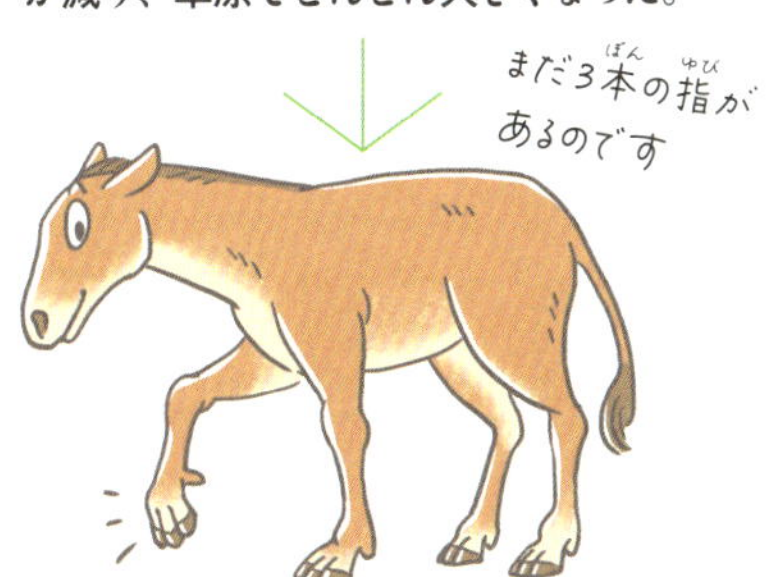

速く走れるようになって、足全体で地面をけるのではなく、つま先だけで地面をけるように進化した。

ガラスの天才とはおれのこと…

そしていま、足の中指だけが残った。究極に速い足を手に入れたが、そのかわりにもろくなった。

【奇蹄目ウマ科】のなかま

足の指の数が、1本や3本の動物のなかまで、重心が中指にかかり奇数の指をもつので「奇蹄目」とよばれます。草を食べる奥歯が発達して、顔が長くなりました。

ワンワンと鳴く
サバンナシマウマ

毛が伸びっぱなし
ポワトゥーロバ

絶滅した野生の馬
モウコノウマ

【(ざん-ねん-な)イノシシ】

転がって泥をぬりたくり、体をカチカチにする

苦しみのあまり転げ回ることを「のたうち回る」と言います。「のたうち」は「ぬた打ち」が転じた言葉で、もともとはイノシシが「ぬた場(泥だまり)」で転げ回って、体に泥をぬる様子を指しました。

イノシシがこんな行動をとるのは、体がめちゃくちゃかゆいからです。体の表面には大量のダニや寄生虫がいます。それを泥になすりつけて落とすため転げ回るのです。

さらに、松の木に体をぶつけて、しみだした松ヤニを体にぬりたくり、泥と松ヤニで体をカチカチにするイノシシもいます。強い体を手に入れるには泥にまみれるしかないようです。

イノシシの進化

どうしてこうなった!?

泥浴び!? むりむり～

3500万年以上前、暑い地域にすむ動物は、水浴びをして体を冷やしていた。

けっこういけるね!

イノシシのすむ山や森で、きれいな水がある場所は限られる。そこで、きれいな水がないときは、泥浴びをするようなった。

水浴び!? むりむり～

泥が体についていれば虫が寄ってこないため、健康になった。結果、イノシシは水浴びよりも泥浴びを好むようになった。自分のにおいを残したり、体温を調整したりもできる。

【偶蹄目イノシシ科】のなかま

イノシシは原始的な動物。中指と薬指に重心がかかり、足の指の数が4本と偶数なので、「偶蹄目」のなかまです。雑食で、牙が発達したなかまが多くいるのが特徴です。

イノシシが家畜になったブタ

角のような牙をもつバビルサ

顔に大きないぼがあるイボイノシシ

【(ざん-ねん-な) カバ】

日に当たると、体から赤い汁を出し続ける

カバは夜行性で、日がさす昼間はずっと水中にいます。その理由は、めちゃくちゃ乾燥肌だから。

体毛がほとんどないカバは、ヒトの3~5倍も肌が乾きやすいそうです。そのため長い時間、日に当たると、皮ふがボロボロになります。

ところが、寒い日はカバも陸に上がって日光浴をします。そこで体から出てくるのが、なぞの赤い汁です。

その正体は、血でも汗でもなく、油。ベタベタと体の表面をおおって肌の乾燥を防いでくれます。ただし見た目は血まみれみたいで「ちょっとライオン殺してきた」とか言いそうな不気味さがあります。

すごーい

カバの進化

どうしてこうなった!?

それでも陸上へ
行ってみたい

カバの祖先は、暑い熱帯の森にすむ、アントラコテリウムに近いなかまだと考えられている。それが日ざしの強い草原に進出したが、日光は苦手だったようだ。

ほかの動物は、乾燥にたえられるように皮ふが強くなっていった。いっぽう、カバの祖先の皮ふは、日光に弱いままだったため、水辺でくらすしかなかった。

日光にたえられるように進化した結果、体から赤い汁を出して肌を守る能力を手に入れた。

【偶蹄目カバ科】のなかま

カバはクジラに近いとされる動物で、水とのつながりがとても強いことが特徴です。現在は、カバとコビトカバの2種がいます。

水が大好きなカバ

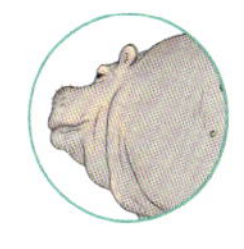

カバよりは
水に入らない
コビトカバ

【（ざんねんな）ラクダ】
砂漠以外だと体がボロボロ

じめじめ……
草にも
負けちゃうの
ボロボロ

　ラクダは、飢えや乾燥にとても強い動物です。砂漠ではのまず食わずで、10日間も歩けます。

　しかし湿度の高い日本では熱中症で死ぬことがあります。同じ気温でも湿度が高いと、空気中であたためられた水分が体へ熱を伝えるため、より暑く感じるのです。

　さらに、ラクダはふだん水を多く必要としない体のため、水をたくさん与えるとかえって体調不良になってしまいます。

　また足の裏は、砂の上を歩きやすいよう、ふかふかです。そのため草の上を歩くと、傷ついてボロボロに…。砂漠に体が適応しすぎたようです。

【偶蹄目ラクダ科】のなかま

水や食料が少ない場所でも生きていけます。アジアやアフリカのラクダのなかまには、背中にコブがありますが、南アメリカのなかまにはありません。

おなかがすくとコブがたれるヒトコブラクダ

気に入らないとゲロを吐くアルパカ

車なみのスピードで走れるグアナコ

ラクダの進化

どうしてこうなった!?

コブはまだありません

ラクダの祖先は、約4500万年前にうまれた。北アメリカに現れたプロティロプスという、ウサギくらいの大きさの動物だった。しかし、ウマやウシなどの祖先との争いに負けた。

まだまだ飲める!

乾燥に強いものだけが砂漠で生きのびた。背中のコブに脂肪をたくわえ、必要なときにエネルギーに変えた。水を一気に100Lものんでも赤血球がこわれない体になった。

便利すぎるのも困ったものね

飢えに強く、長時間歩ける体に進化したラクダは、人間の家畜として利用されるようになった。そのため野生のヒトコブラクダは絶滅してしまった。

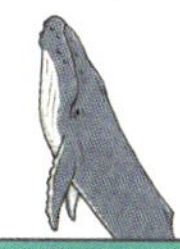

【シカ（ざんーねんーな）】

角が落ちると急に弱くなる

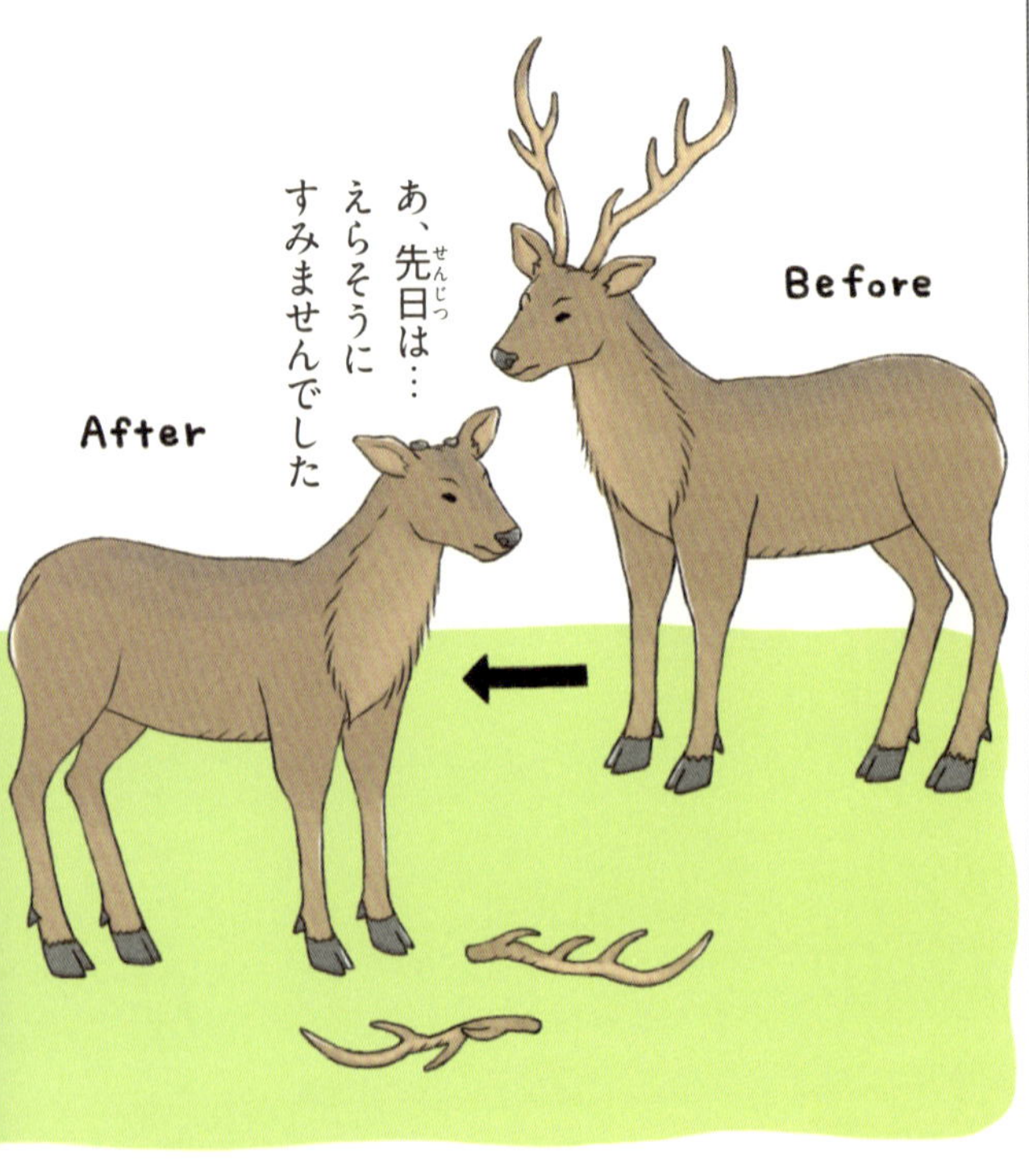
Before
After
あ、先日は…
えらそうに
すみませんでした

シカのオスには、「枝角」という木の枝のように広がった角が生えます。

オスは子作りをする秋になると、メスをめぐってほかのオスとケンカします。そのとき枝角をぶつけ合うのです。

角はとてもかたく、先がとがっていて、おなかにさされば死ぬことも。そのため興奮したオスジカはとても危険です。

ところがこの枝角は、1年に1回、春先になると根元からポロっと取れてしまいます。その後、半年でまた大きくなりますが、角は短くやわらかいままです。角が落ちたオスは、うそみたいにおとなしくなり、静か～に草を食べています。

シカの進化 どうしてこうなった!?

途中でキリンやウシと
分かれたよ

シカの祖先は、2000万年ほど前に北アメリカに現れた。イヌくらいの大きさで、角はなく長い牙があった。

すてき～
どうだい、
りっぱな
角だろ?

祖先は、草原で進化し、牙のかわりに角をもつようになった。そのとき、りっぱな角をもったオスが、メスに好まれるようになる。

角の維持も
大変なんです

オスは角をつき合って戦い、種によってさまざまな形に進化した。なかには大きすぎたり、形が複雑すぎたりするものもある。

【偶蹄目シカ科】のなかま

多くはオスだけが、枝分かれした角をもっています。角は、毎年生え変わり、年を追うごとに大きくなっていきます。

尻毛を広げて
危険を知らせる
ニホンジカ

角が絡まって
死ぬこともある
ヘラジカ

クリスマスまで
角がもたないトナカイ

【（ざんーねんーな）キリン】

足が長すぎて座れない

足がたためないから
半分寝転がっています

キリンの進化は、ザ・行き当たりばったりです。まず、祖先は森でくらしていましたが、「草原ええな〜」と出ていきます。

しかしかくれる場所がなく、肉食動物からねらわれます。そこで速く走れるように、足が長く進化しました。

しかし足が長いと、座ったり立ち上がったりするのに時間がかかります。そこを肉食動物にねらわれるため「座るのをやめた」のです。

これで安心と思いきや、今度はかがめなくなり、川や池の水をのめません。「なら、首伸ばすか」と、水をのむために、キリンの首は長くなりました。

キリンの進化
どうしてこうなった!?

約2000万年前、森林でくらしていたキリンの祖先は、まだ首も足も短く、シカのような姿をしていた。

速く走れなければ
食べられちゃう

草原でくらすようになると、大型化して足が速くなった。最初に足が伸びた。同時に首も長くなっていった。

首が長いせいで
超高血圧です

水をのむためには、水面まで顔が届く必要がある。そのため足の長さに合わせて、首もどんどん長くなった。

【偶蹄目キリン科】のなかま

キリンのなかまは、草原でくらす首の長いキリンと、森林でくらす首が長くないオカピの2種類がいます。

地上でいちばん背が高い動物のキリン

森でくらすため首が長くないオカピ

【(ざん-ねん-な) ウシ】

大量に出すよだれはおしっこと同じ

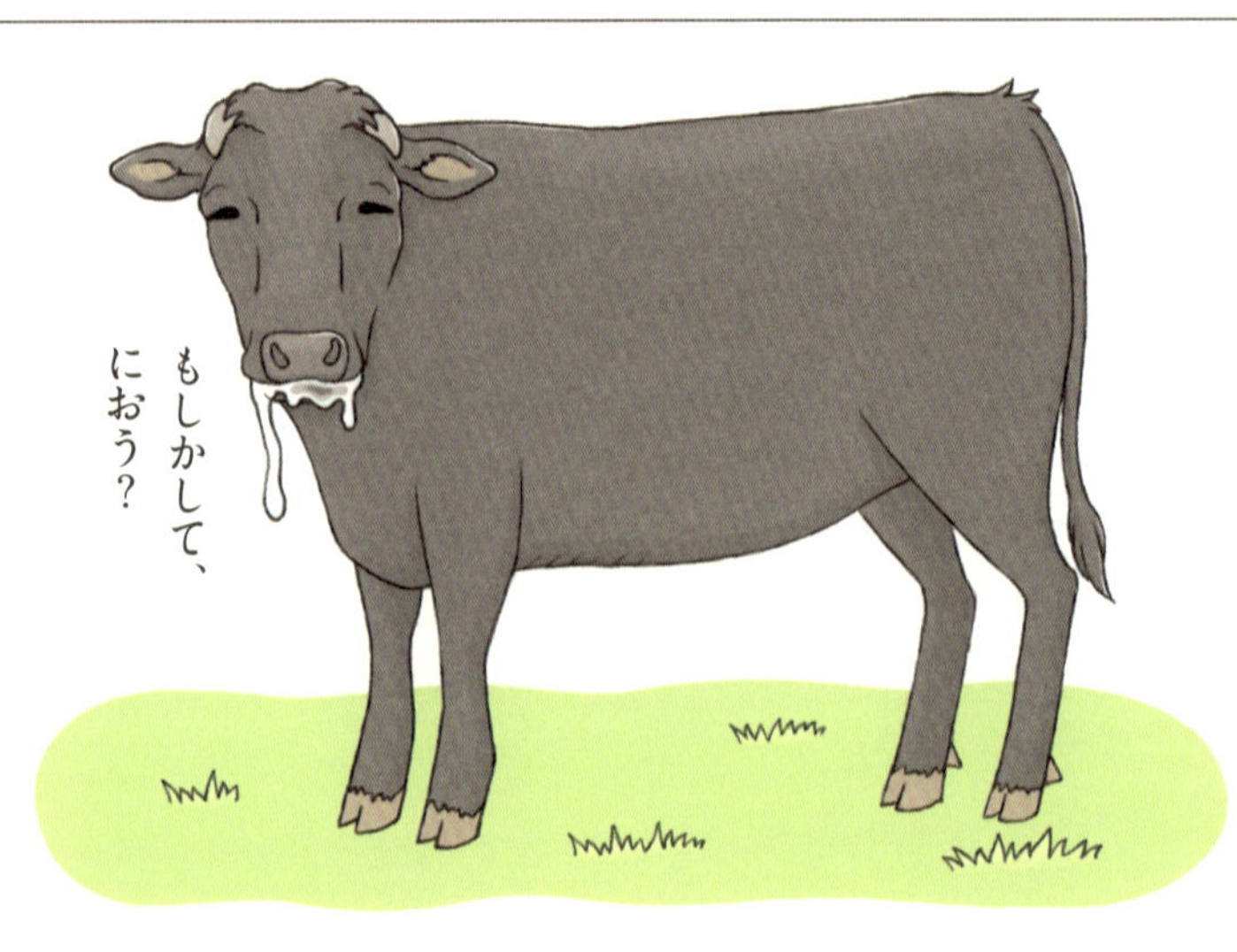

ヒトのおとなからは、1日に約1・5Lのよだれが出ています。では、体の大きなウシの場合はどうでしょうか。正解は、最大100〜190L。これは、お風呂に入れるお湯の量と同じくらいです。

しかもウシのよだれには、「尿素」というおしっこのもとになる物質が、たくさん入っています。ウシの胃の中には、食べた草の消化を手伝う微生物がすんでいます。じつは尿素は、この微生物のごはん。よだれを大量に出して、微生物が元気に働けるようにしているのです。

ちなみにゲップには、メタンというおならと同じ成分も入っています。

ウシの進化

どうしてこうなった!?

なかまだったの!?

ウシは、じつはクジラに近いなかま。6000万年前に、共通の祖先から枝分かれして、進化したと考えられている。

だからいつも
口をもぐもぐ
しているの

ウシは、食べ物を消化するのに、一度胃に入れたものを口の中にもどしてかみ、もう一度のむ。この「反芻」の能力は、およそ3000万年前にはあったという。

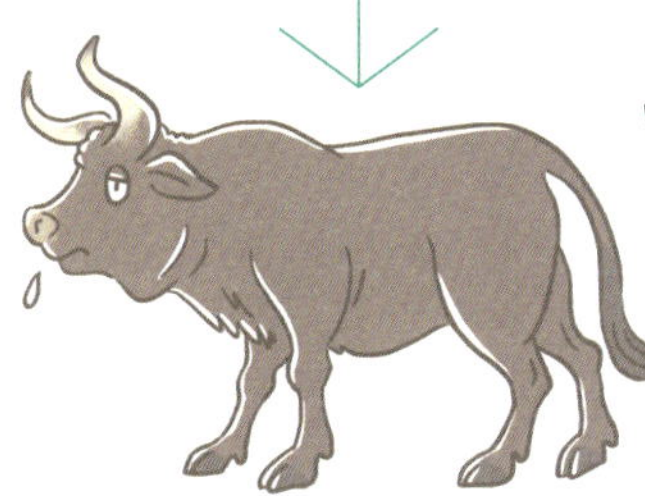
野生の
オーロックスは
1627年に
絶滅したんだ…

現在、野生のウシはいない。約15億頭いるウシは、すべて家畜だ。家畜のウシの祖先は、200万年前に現れたオーロックスという大型のウシだった。

【偶蹄目ウシ科】のなかま

足が短く、がっしりとした体形。オスもメスも角があります。シカ科と違い、角は生え変わりません。ヤギ、ヒツジ、インパラ、ガゼルなどもウシ科です。

泣きながら愛を伝える
ニホンカモシカ

ピンチになると
円陣を組む
ジャコウウシ

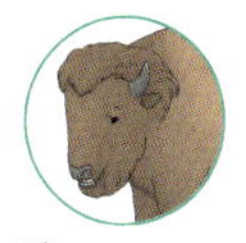

声がでかいと
モテないバイソン

【(ざん-ねん-な) クジラ】

16tも食べるが、おいしいと感じられない

シロナガスクジラは、世界最大の動物です。体長は25m、体重は150tもあります。この巨体を保つために、毎日16tもの食べ物を食べています。これはアフリカゾウ3頭分を丸のみするのと、同じ量です。

食べ物をたくさん食べるには、動き回る大きな獲物をねらうより、海中に浮かぶ小さな獲物をたくさん食べたほうが効率的です。そのためシロナガスクジラの祖先の口は巨大になり、小さなオキアミなどを一気に食べられるように進化しました。

ただし、味覚は死んでいます。大きな舌はありますが、味覚は退化していて、味は感じないようです。

クジラの進化

どうしてこうなった!?

大きさは1.8mくらいです

約5000万年前、クジラの祖先はもともと陸上でくらしていた。足やしっぽのある、イヌくらいの大きさの動物だった。

クジラっぽくなってきたでしょ?

その後、陸から海に進出し、広い海で大型化していった。海中では食べ物はたくさんあるし、陸よりも体が軽く感じるので、どんどん大きくなれた。

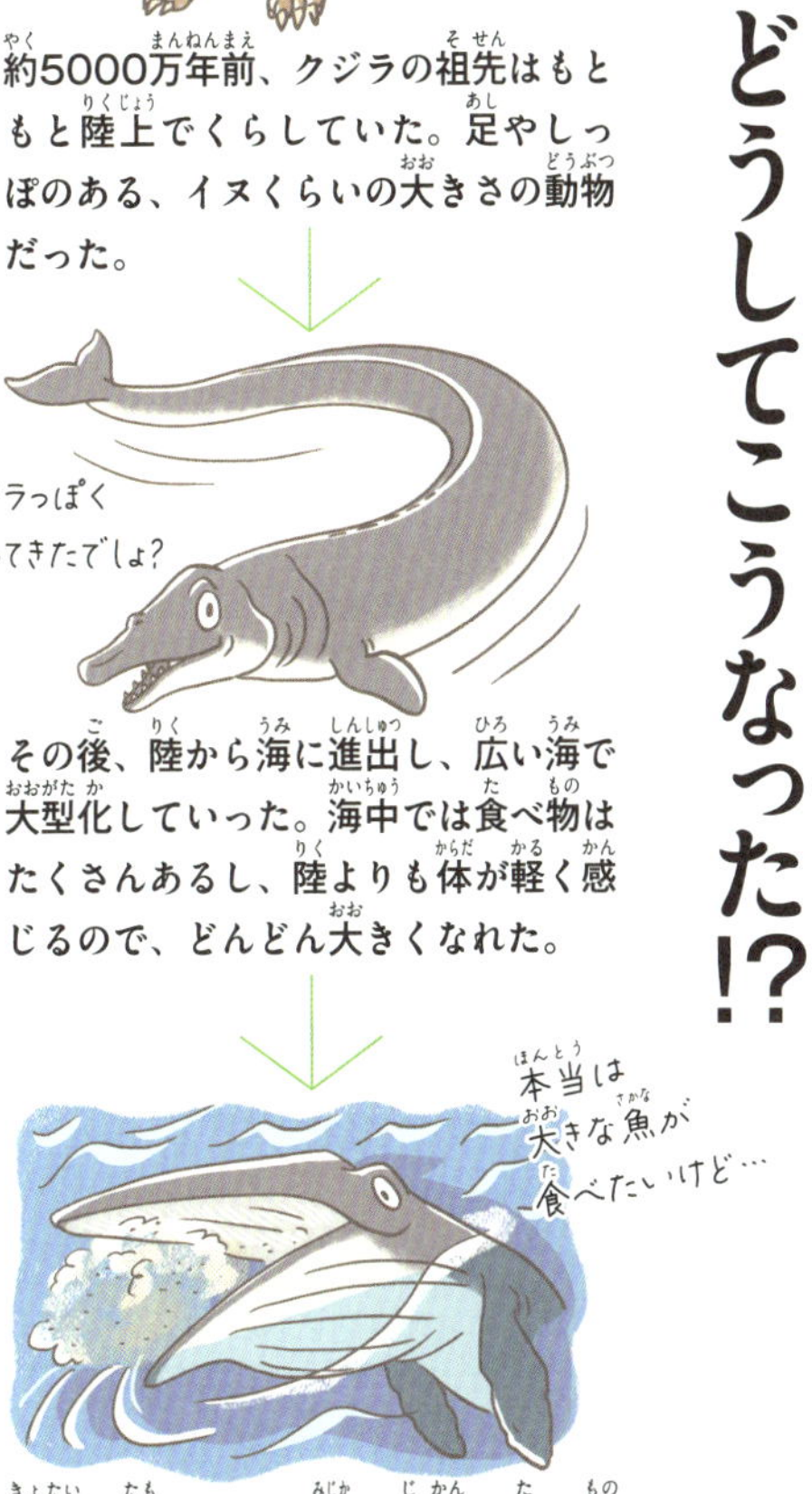

本当は大きな魚が食べたいけど…

巨体を保つには、短い時間で食べ物をたくさん食べないといけない。そこで「小さいものを大量に食べる」ように進化した。

【クジラ目】のなかま

クジラは大きく2種類に分けられます。口の中のひげ板を使ってプランクトンを食べるヒゲクジラと、歯で魚などをかんで食べるハクジラのなかまです。

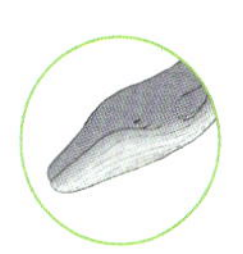

地球一の巨体
シロナガスクジラ

歌うクジラ!
ザトウクジラ

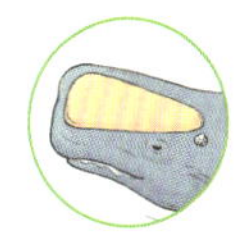

でこっぱちの
マッコウクジラ

▽絶滅した ざんねんないきもの

いまいる生き物の祖先の多くは
絶滅しています。
絶滅した生き物のなかには
ツッコミたくなる見た目のものもいました。

「トゲ、多すぎない？」
デイノテリウム

頭、鼻、ほおにトゲ、さらにはキバまである。しかし動きがにぶすぎて獲物をつかまえられず、せいぜい腐った肉しか食べられなかった説がある。

「牙がりっぱすぎ？」
エステメノスクス

絶滅したゾウのなかま。下向きのキバで木の根をほり起こして食べていた説があるが、わざわざしゃがまなければならず非効率だとされている。

「見栄はりすぎ？」
アルシノイテリウム

超巨大な角が２本もあるが、中は空洞で、めちゃくちゃ軽い角だった。

「頭、デカすぎない？」
モスコプス

頭の骨の厚さは最大10㎝もあり、頭をぶつけて戦っていたと考えられている。

第3章

ざんねんな鳥

鳥類は、いま進化の最先端にいます。
その進化は、まだまだなぞにつつまれています。

【(ざん-ねん-な) ダチョウ】

卵が育つかは運次第

　ダチョウのオスは、複数のメスと子どもを作ります。オスが地面にくぼみをほると、初めに第一夫人とも言えるいちばん強いメスが産卵。さらにそれを囲むように、数羽のメスが卵をうみます。卵の数は、合わせて10～50個ほどになります。

　こんな卵のうみ方をするのは、第一夫人の卵を守るためです。卵は開けた場所にうむので、敵から丸見え。外側の卵からジャッカルやハイエナなどに食べられていきます。ときには、ゾウのむれがふみつぶすこともあります。外側の卵がかえるかどうかは、運次第。リスクのありすぎる子育てです。

ダチョウの進化

どうしてこうなった!?

鳥なんだから
飛べるでしょ

現在はアフリカの熱帯にいるが、ダチョウの祖先はもともと北半球にいた。小さくて飛べる鳥だった。

飛ぶ必要、
ないじゃん

アフリカにやってきたころ、恐竜が絶滅して敵が減る。飛ぶ必要がなくなったので、大型化していった。

ああ、
飛びたい

いっぽう、昔は体の小さかったほ乳類も、進化して大型化。その結果、卵を食べられるようになってしまった。

【ダチョウ目】のなかま

ダチョウは、古顎類というもっとも古い鳥類のグループです。大きくて飛べない鳥がたくさんいます。

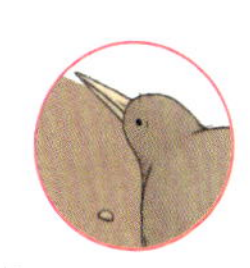

卵がムダにでかい
キーウィ

フラれると怒り狂って
オスを追いかけ回す
ヒクイドリ

いちばん原始的で
小さくて、飛べる
シギダチョウ

【キジ（ざん-ねん-な）】うるさすぎて命を落とす

ケーン！ケーン！
ぼくを見てえええええ
バタバタ！

キジは、なわばり意識が強い鳥です。オスは、自分のなわばりをほかのオスに示すために、大声で「ケーン！」と鳴いたり、羽をバサバサと羽ばたかせたりします。これを「ほろうち」と言います。

ほろうちをするのは、ライバルにだけではありません。オスは、キツネや人間などの天敵にも、「ケーン！」とつっかかっていきます。そのせいで居場所がばれて、あっさりと狩られます。

このようなキジの行動から、「よけいなことはしないほうがいい」という意味で、「キジも鳴かずばうたれまい」ということわざができました。

キジの進化

どうしてこうなった!?

キジの半分くらいの重さしかありません

キジの祖先は、6000万年以上前にうまれた、アステリオルニス・マーストリヒテンシスという重さ400gほどの小さな鳥だった。

ハゲじゃありません、
生え変わりです

その後、1年に一度、羽根がいっせいに生え変わるように進化した。そのあいだ、1か月くらいは飛びたくても飛べなくなった。

ちなみに、キジのなかまのツカツクリは、落ち葉が腐るときに発する熱で卵をあたためる。そのため落ち葉の山に卵をうむようになった。

【キジ目】のなかま

進化した鳥類の中でも原始的なグループです。地上を歩くため、足が太くてがんじょうです。長距離は飛べません。オスが派手な色の種が、多くいます。

長すぎる尾羽がじゃまなクジャク

長距離を飛べるウズラ

おっぱいでメスにアピールするキジオライチョウ

ハト（ざんーねんーな）

頭を動かさないと歩けない

ハトの歩き方を見ると、首を前後に振っているように見えます。

ハトは歩くとき、まず頭を前に出します。次に、頭の位置は動かさずに、体を前に動かします。頭↓体↓頭↓体と、交互に動かして前に進んでいるのです。

このように頭と体の動きをずらすのは、視線を固定させるためです。体と一緒に頭も動かしてしまうと、目の位置がいつも動いて、周りの景色がぶれてしまいます。こうなると、足元に食べ物が落ちていても気づけません。

目が動かせないせいで、ムダな動きをせざるをえないようです。

ハトの進化

どうしてこうなった!?

ハトは、10000～6000年前から、人間に飼われていたと考えられている。

ハトは目を動かすことができない。そのため頭を動かさないと周りがよく見えない。

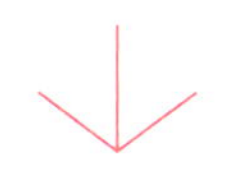

え、宝のもちぐされ!?

ハトの視力はとても良く、40㎞先も見えるという説もある。それなのに落ちている食べ物を探して、毎日地面ばかり見ている。

【ハト目】のなかま

ハト目には、昔はドードーもいましたが絶滅しました。ハトのなかまは、飛ぶための胸の筋肉が発達しており、長い時間飛べます。

仰向けにされると動けないハト

オスの告白がしつこいキジバト

わざわざ海に行っておぼれるアオバト

【(ざんーねんーな)カッコウ】
ほかの鳥の巣に卵をうむが、じつはバレバレ

カッコウは、ほかの鳥の巣に卵をうみ、自分のかわりにヒナを育ててもらいます。これを「托卵」と言います。カッコウのヒナは一足先にうまれ、ほかの卵を巣の外に捨ててしまいます。托卵された鳥は、自分の子どもを残せず大迷惑です。

しかし、托卵される鳥もだまってはいません。最近の研究で、自分の卵だとすぐにわかる「目印」のもようをつけるように、進化していることがわかりました。

托卵される鳥は数種類いますが、それぞれ違った目印をつけます。鳥の世界でも「なりすまし対策」が着々と進められています。

カッコウの進化

どうしてこうなった!?

暑いと体も熱くなり、
寒いと体が冷たくなる!

カッコウは、体温の変化が大きい。そのため托卵をするのは「ほかの鳥に卵をあたためてもらったほうが生き残る確率が高まるから」という説もある。

さらに最近の研究では、カッコウのヒナが托卵先の鳥に似るように進化してきたことがわかっている。

【カッコウ目】のなかま

カッコウのなかまは世界に約130種います。そのうち托卵をするのは50種ほどです。日本には4種がいて、すべてが托卵をする種です。

鳴き声が「カッコー」のカッコウ

鳴き声が「ジューイチー」のジュウイチ

鳴き声が「東京特許許可局」と聞こえるホトトギス

【(ざんーねんーな)フラミンゴ】

食べるとき周りが見えなくなり、自分が食べられる

フラミンゴは、浅い湖の中に顔をつっこんで、藻や微生物を食べます。当然、水や泥も一緒に口の中に入りますが、口の中にある「板歯」と言うブラシのような組織でこすとで、水と砂だけを外に押し出せます。

ただし、おなかいっぱいになるまで時間がかかるのが難点。食事のときは数分間、湖の中しか見ていません。フラミンゴを食べるワシもいるのに、無防備きわまりない食事スタイルです。

このため、夢中でごはんを食べていたら、自分がワシに食べられる、なんてこともあります。

フラミンゴの進化

どうしてこうなった!?

フラミンゴの祖先は、昆虫などを食べていたとされる。くちばしの形は、ほかの鳥と同じようにまっすぐだった。

その後、湖でくらすようになるが、食べ物がプランクトンや微生物しかいなかった。

微生物を効率的に食べられるように、くちばしが曲がり、そのふちに板歯ができた。さらに食べた微生物の色素によって体がピンクになった。

【フラミンゴ目】のなかま

足と首が長いフラミンゴのなかま。くちばしは、水中でプランクトンを食べやすいように曲がっています。塩分が濃い湖にくらしています。

いちばん大きな
オオフラミンゴ

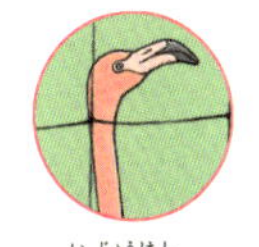

25m以上走らないと
飛べない
ベニイロフラミンゴ

水をのむために
何kmも歩く
コフラミンゴ

【(ざん-ねん-な) ハチドリ】

オスのように派手になるが、モテない

多くの鳥は、オスが派手な姿でメスにアピールします。しかしシロエリハチドリは、なぜか一部のメスが派手になります。

調査によると、メスのうち30%がオスのような派手な姿をしていました。しかも、これらのメスが花の蜜を吸うとき、ほかのメスからいやがらせを受ける回数が減ることもわかったのです。

でもオスにモテるのは、地味なメス。派手なメスはモテません。花の蜜を吸い続けないと死んでしまうハチドリにとっては、ほかのメスに食事を邪魔されるほうが、モテないよりおそろしいようです。

ハチドリの進化

どうしてこうなった!?

こんなわざ、
だれもマネできない
でしょう?

ハチドリが、なぜ高速で羽ばたけるようになったのかは、よくわかっていない。3000万年前には、いまと同じような姿をしていた。

この目が、
すんごいのよ

ハチドリが、空中でピタリと静止できるのは、物の位置や方向、自分の姿勢などを正確に把握できるように目が進化したからだ。

飛ぶために吸うのか、
吸うために飛ぶのか…

体がとても小さい割に、高速で羽ばたくため、エネルギーの消費が激しい。そのため、ずっと花の蜜を吸い続けなければ生きていけなくなった。

【アマツバメ目】のなかま

ハチドリは「アマツバメ目」というグループの鳥です。アマツバメ目の鳥の羽は、空中ですばやく方向を変えられる構造をしています。

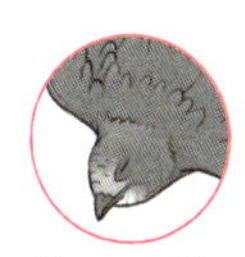

命がけで眠る
アマツバメ

よだれで巣を作る
オオアナツバメ

クチバシが長すぎて
羽づくろいできない
ヤリハシハチドリ

【（ざん–ねん–な）エトピリカ】

冬になると別人のように地味になる

アイヌ語で「美しいくちばし」という意味をもつエトピリカ。名前のとおり、オレンジのくちばしが美しい海鳥ですが、じつは季節限定です。

夏の子作りの時期になると、顔は白く、目元は赤くふちどられ、くちばしの根元には大きくふくらんだかざりができます。さらに紫外線を当てると光るというなぞの機能もあり。

ところが、子作りを終えて冬になると、くちばしのかざりはぽろりと取れ、全身がもっさりとした黒い毛に生え変わります。「モテとかどうでもいいから、あったかいのがいちばん」と割り切った様子で、偽物のカラスみたいな見た目になるのです。

エトピリカの進化

どうしてこうなった!?

ホントにペンギンみたいでしょ?

1800年代、北半球には、オオウミガラスという、いまのペンギンによく似た鳥がいた。もともとは、その鳥のことを「ペンギン」とよんでいた。

名前のつけ方、適当かーい!

しかしその後、オオウミガラスは絶滅。やがて南半球にいたオオウミガラスによく似た鳥が「南極ペンギン」とよばれるようになり、いまの「ペンギン」となった。

一歩間違えれば、ぼくらがペンギンってよばれていたかもしれない…

エトピリカなどのウミスズメのなかまは、北半球で生き残ったオオウミガラスのなかまなのだ。

【ウミスズメ目】のなかま

海を泳ぎ、魚をとるように進化した鳥のなかまです。翼は水中での羽ばたきに適応して小さく進化し、海中を飛ぶように泳げます。

うまれてすぐ、
がけから身を投げる
カンムリウミスズメ

しょっちゅう
事故を起こす
パフィン

ほかの鳥のヒナや
えさをうばう
オオトウゾクカモメ

【フクロウ(ざんねんな)】昼間は弱い

フクロウが活動するのは、夕暮れから夜明け前の、夜の時間です。人間の10倍良いと言われる大きな目で、小鳥や小さなほ乳類を見つけてとらえます。

夜は敵なしのフクロウですが、いっぽうで、昼間は力を発揮できません。カラスにくちばしで羽を引っぱられたり、集団で追いかけられたりします。

そもそも夜に活動するようになったのも、タカと出会わないからです。小鳥や小さなほ乳類は、タカの獲物でもあります。昼間に獲物を追いかけてタカとけんかをしても良いことはありません。このため夜行性になったと考えられるのです。

フクロウの進化

どうしてこうなった!?

どや、かっこいいやろ?
キラーン

タカやワシとは、獲物が同じであるためうばい合いになる。そこで昼から夜に活動時間をずらし、共存できるように進化した。これを時間的すみわけと言う。

もう少し広いところで
眠りたい
まぶしい…
せまい…

夜に無敵のフクロウは、体が巨大化していった。しかし最近は、大きな体をかくせる木がなく、すむ場所にこまっている。

【フクロウ目】のなかま

フクロウのなかまは、多くが夜行性です。暗くても見える大きな目や、獲物の音を聞き逃さないすぐれた耳をもっています。

短足に
間違われがちな
フクロウ

巣穴にうんこをしく
アナホリフクロウ

敵を見つけると
やせこける
アフリカオオコノハズク

【(ざんーねんーな) キツツキ】

つつくのが激しすぎて木がたおれがち

キツツキは、1秒間に20回前後の超スピードで木をつついて穴を開けます。舌で中にいる昆虫をなめとったり、巣穴を作ったり、音でなかまと会話したりするのです。

しかしクマゲラは巣を作るために必要以上に木をつつき、たおすこともあります。虫の多い弱った木は集中してつつき、木をスポンジのように穴だらけにしてたおします。「キツツキがふえると、たおれる木もふえる」という研究結果もあるほどです。

ちなみにつつくのは木だけでなく、スペースシャトルの茶色の燃料タンクに71か所の穴を開け、発射が延期されたこともありました。

キツツキの進化

どうしてこうなった!?

ドドド…
つつかずにはいられない体になっちまった…

キツツキが木をつつくように進化したのは、木の皮の下にいる虫を食べるためと考えられる。

ドドドド
どや、すごいやろ？

つついたときの頭の衝撃は、人間ならすぐに意識を失うほどだ。でも、キツツキは脳が2gしかないので平気だと言われる。

「キツツキ」なのに、木をつつきません

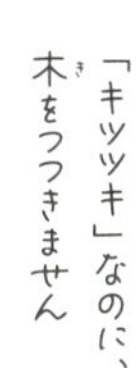

ちなみに、キツツキのなかまのアリスイは木をつつかない。地面や枝にいるアリを長い舌で吸うようになめとる。

【キツツキ目】のなかま

あまり飛ぶのが得意ではなく、短い距離しか飛びません。多くの種が、木をつついて穴を開け、中にいる虫を食べたり、巣穴にしたりします。

ドングリをリスに盗まれるドングリキツツキ

足の指が3本しかないミユビゲラ

都会の公園にもいるコゲラ

【（ざん-ねん-な）ハヤブサ】

父親なのにヒナに食べ物をあげさせてもらえない

ハヤブサは、オスとメスが協力して子育てをします。ただ母親の子どもへの独占欲がはんぱではありません。

卵をあたためるのは、主に母親の役割です。本当は父親も卵をあたためたいのですが、交代しようとすると、いやがられてことわられることも。そこで父親は食べ物をとってきますが、食べ物を受けわたすのも、巣からはなれた場所を指定されるという徹底ぶりです。

卵からかえったヒナに食べ物をあげるのも、もちろん母親。父親は食べ物を運ぶだけで、子どもが生後2週間たって母親が巣からはなれるまで、ヒナのお世話はできません。

ハヤブサの進化

どうしてこうなった!?

確かに、くちばしの形とか、
ちょっと似てる…

ハヤブサは、タカやワシのなかまだと考えられていたが、じつはインコに近いなかまだとわかった。

都会派デビューしてみました

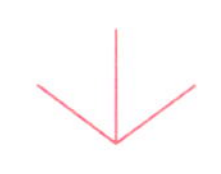

がけに巣を作って卵をうむ。近年では、がけのかわりにビルに巣を作るようになった。

ときどき海が恋しくなるの

人間による環境破壊の影響で、くらせる場所が減っており、絶滅が心配されている。しかたなくビルに巣を作っているのかもしれない。

【ハヤブサ目】のなかま

するどい爪で、小動物や鳥をつかまえて食べます。近年は、獲物のハトが増えたことで、都市部でくらすハヤブサも増えています。

時速300㎞以上で急降下するハヤブサ

わざわざ大きらいなカラスの巣にすむチゴハヤブサ

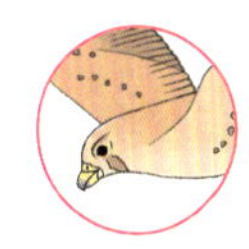

ネズミのおしっこをひたすら探すチョウゲンボウ

【(ざんｰねんｰな) オウム】

どしゃぶりの雨の中で逆さまになる

オーストラリアにすむモモイロインコは、オウムのなかまです。水浴びが大好きで、雨が降ると大はしゃぎします。しかしそこで翼を広げたまま、木の枝に逆さまにぶら下がるというなぞの行動を見せます。

水浴びは、体についた寄生虫や汚れを落とすための行動です。オウムが逆さまになる様子はよく見られますが、なぜなのかはよくわかりません。オウムは知能が高く、人間と同じようにイタズラをすることがわかっています。悪ふざけだとしても、熱帯雨林のどしゃぶりのなか、逆立ちで水浴びをするその心は…やっぱりよくわかりません。

オウムの進化

どうしてこうなった!?

木がいっぱいあると落ち着く

恐竜時代のあと、鳥のなかまは世界中に広がった。そのときオウムの祖先は、熱帯雨林にすむようになった。

立派な舌でしょ？

くちばしでかたい木の実を割り、中身を舌で取り出して食べることで、舌が大きく発達した。

オウムはなかまの声をまねてコミュニケーションをとるが、舌が発達したおかげで、人間の声も上手にまねすることができる。

【オウム目】のなかま

主に熱帯地域にすんでいて、木の実を食べます。羽の色が美しい種が多く、ペットとしても人気。スズメとも近いグループです。

インコなのにハゲているハゲインコ

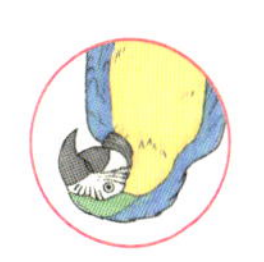
ひますぎて逆立ちするコンゴウインコ

40年以上生きるタイハクオウム

スズメ（ざんーねんーな）

人間がいないとダメになる

スズメが人の近くでくらし始めたのは、約1万年前と言われています。本来は、木のうろなどに巣を作りますが、麦や米などの農作物を食べるようになり、生息地を世界中に広げていきました。

いまでは屋根裏、換気口、電柱の小さな穴など、あらゆる人工物を巣として利用しています。山より街のほうが、食べ物が豊富で、天敵のヘビなどもいません。スズメにとっては天国なのです。

でも最近は、建築の技術が上がり、すきまの少ない住宅が増えました。その結果、スズメが巣を作れる場所が減っています。でも、いまさら山には帰れません。

スズメの進化

どうしてこうなった!?

スズメのなかまは、6000種以上もいる巨大なグループだ。これは、すべての鳥の6割を占める。

最新型です!

なかでもスズメは、人間が作った環境で進化してきた鳥。人間の近くで、数を増やすことに成功した。

いまの家はすきまがなくて巣を作れないよ~

しかし近年、スズメの数は年間で3.5%以上減少。絶滅が心配されている。

【スズメ目】のなかま

スズメのなかまはもっとも進化した鳥類で、体が小さく、さえずる鳥が多くいます。鳥類最大のグループで、世界中でくらしています。

ネクタイが太いほどモテるシジュウカラ

シカの耳に、うんこをつめて遊ぶハシボソガラス

もようかと思ったらただのハゲアカミノフウチョウ

▽ざんねんな一句

これまで登場した「ざんねんないきもの」で一句、詠んでみました。五・七・五のリズムで、「ざんねん」を味わってみてください。

きれいだな
よくよく見ると
ただのハゲ

アカミノフウチョウのもようは、羽とハゲでできています。

お母ちゃん
おしりペロペロ
よろしくね

ライオンの子は、おしりをなめてもらわないとうんこが出ません。

ほじるなら
奥までほじれ
鼻の穴

アイアイは、とても長い中指で、鼻の奥の奥までほじります。

はらへった
もうたえられない
うんこ食おう

デグーは食べ物がなくなると、最終手段としてウシのうんこを食べます。

ニャンですと!?
それはキュウリだ
ヘビじゃない

ネコの後ろにそっとキュウリを置くと、ヘビと間違えて超おどろきます。

第4章

ざんねんな生物

ここでは、は虫類、両生類、魚類、昆虫類など
さまざまな生物のざんねんのひみつをさぐります。
原始的な生き物が多いグループです。

【(ざんｰねんｰな)ワニ】

心臓に穴が空いて体力不足

心臓は、体中に血液を送り出す大切な臓器です。血液を通じて、酸素や栄養を体中に届けるため、心臓が休むことはありません。

しかしワニは、そんな大事な心臓に穴が空いています。そのせいで、酸素を多くふくんだ動脈の血液と、酸素が少ない静脈の血液が混ざってしまいます。そのため酸素を効率よく体中に届けられず、激しい運動は苦手です。

ただし、体が使う酸素の量も減るため、そのほうが水中に長くいられるという利点もあります。それにしても穴は空けずに、息をたくさん吸うだけではだめなのでしょうか。

ワニの進化

どうしてこうなった!?

ワニの祖先のヘスペロスクスは、２億年以上前に現れ、２本足で歩いていた。

その後、ワニはさまざまな形に進化し、草食になったものもいた。魚の心臓は「１心房１心室」だが、陸に上がった両生類の心臓は「２心房１心室」へと進化。は虫類も同じになった。

しかしワニの心臓は穴が空いて２心室になりかかっている。ほ乳類や鳥類のように２心室が完成していればもっと速く動けるのだが…。

【は虫類ワニ目】のなかま

暑い地域の水辺でくらしています。かたい皮ふ、するどい牙、強いあごをもった、水辺のハンターです。

しかたなく石をのみこむヨウスコウアリゲーター

気温で子どものオスメスが決まるミシシッピーワニ

食べるとき泣かずにはいられないイリエワニ

【(ざんねんな) ムカシトカゲ】

年を取るとやわらかいものしか食べられない

ムカシトカゲは、とてもゆっくりと成長し、35年ほどかけておとなになります。寿命は100年を超えるというから、おどろきです。

それだけ長生きなのに、ムカシトカゲの歯は、一生生え変わりません。しかも、上下の歯をこすり合わせてものを食べるため、少しずつ歯がけずれていきます。年を取るほど歯が小さくなっていき、やがてかたいものは食べられなくなってしまいます。

そのため、おじいちゃんおばあちゃんになったムカシトカゲが食べられるのは、ミミズやナメクジなど、やわらかい獲物ばかりです。

ムカシトカゲの進化

どうしてこうなった!?

サメやワニと同じく、
生きた化石!

ムカシトカゲは「生きた化石」と言われ、2億年以上前から、姿が変わっていないと考えられている。

↓

首のイガイガが、
かっこいいだろ?

ムカシトカゲは、生きているあいだずっと歯が生え変わらないなど、原始的な生き物の特徴がいくつも残されている。

↓

非常食つき
物件です

自分の巣をもたず、ミズナギドリなどの巣を利用する。たまにミズナギドリのヒナを食べることもある。

【は虫類 ムカシトカゲ目】のなかま

ムカシトカゲのなかまは、かつてはたくさんいました。いまでは、ほとんどが絶滅してしまい、ムカシトカゲしか生き残っていません。

かなしい

第3の目があるが、
よく見えない
ムカシトカゲ

【(ざんーねんーな) トカゲ】

切れたしっぽは元にもどるように見えてもどらない

トカゲは敵におさえられると、しっぽが切れます。しっぽは、しばらくうねうねと激しく動き、敵の注意を引きつけます。そのすきに、すばやく逃げるのです。

このように体の一部が切れる行動は、昆虫、カニ、エビ類などでも見られます。

ただし、しっぽが切れるのは最終手段。切ったしっぽが元どおりになるまでには半年ほどかかります。

また、切れる前のしっぽには骨がありますが、再生したしっぽには骨がなく、色やもようも変わってしまいます。トカゲもできれば、しっぽは切りたくないはずです。

トカゲの進化

どうしてこうなった!?

最初から姿は
トカゲでしょ?

トカゲの祖先であるメガキレラは、2億年以上前に現れた。イタリアで化石が発見されている。

しっぽはまた
生えてくる…

その後、尾をつかまれると切れやすいトカゲが、突然変異で現れたと考えられる。そして、トカゲは、切ったしっぽをおとりにして生き残ってきた。尾の切れる場所は決まっていて、そこを「自切点」という。

足がないことは
「進化」なんです

いっぽうでトカゲがさらに進化して、ヘビになった。足のない体で、せまいすきまにも入れるようになった。

【は虫類有鱗目】のなかま

細長い体をしていて、すばやく動き回ります。トカゲのなかまは地下、木の上、水辺など、さまざまな場所に約6300種もいます。

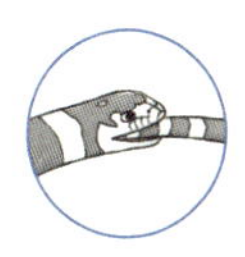

自分のしっぽを間違えて食べがちなヘビ

まぶたがないので仕方なく目をなめるヤモリ

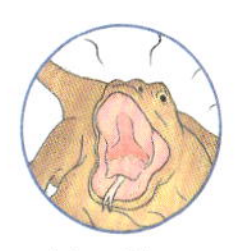

口の中がものすごくきたないコモドオオトカゲ

【（ざんーねんーな）カメ】

一生けんめい泳ぐのはうまれて24時間まで

アオウミガメの赤ちゃんは、卵からうまれた瞬間に、死に物狂いで走ります。一刻も早く海に入らないと、鳥などの天敵におそわれるからです。そのため「フレンジー」とよばれる興奮状態になり、砂浜から海に向かって一目散に走ります。

ただしフレンジーは、24時間で切れます。興奮状態が終わると、ぴたっと動きが止まるため、時間内に安全な場所まで泳ぎつかないといけません。

その後のウミガメは、そこまで一生けんめい泳ぐことはありません。やる気を使い果たしてしまったかのように、脱力して海を漂っています。

カメの進化

どうしてこうなった!?

カメの祖先は、2億2000万年前に湿地に生息していたオドントケリスだ。

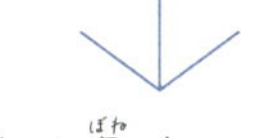

あばら骨がこうらになった!
手足は入らないけどね…

その後、約1億年前にアーケロンが現れた。アーケロンは、こうらが4mもあるカメで、海で生活していた。

わたくし、ナガクビガメは
一生けんめい引っこめても、
顔がこうらからはみ出ます

いまでは、海、川、湖、陸地と、さまざまな場所にカメのなかまが生息している。

【は虫類カメ目】のなかま

かたいこうらをもちます。敵におそわれると、首や足をこうらの中にかくして身を守ります。なかまの多くが、水中や水辺でくらします。

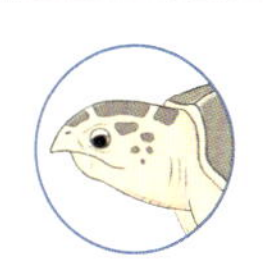

こうらにかくれられずに食べられたアーケロン

約10万種の生き物にヒッチハイクされるらしいアカウミガメ

口の中がトゲだらけのオサガメ

▽ざんねんな恐竜

ここでは、究極のざんねんないきものである、恐竜のひみつをご紹介します。

恐竜は、2億4330万年前に登場しました。そして1億6000万年もの長いあいだ、地球上で繁栄し、あっという間に絶滅しました。恐竜は、は虫類の一種と考えられています。

絶滅した理由はいくつかありますが、ざんねんながら「恐竜だったから」と言えるものも多くあります。

巨大いん石が落ちてきた

いまから6600万年前、地球に巨大ないん石が落ちてきて、地球の環境は激変します。すべての生き物の75％以上が死んだと考えられています。

植物が枯れる

大きな体がアダに!?草食恐竜のピンチ

空気中に大量のチリが舞い上がり、太陽の光が届かなくなって、植物が枯れました。草食恐竜は巨体を維持できる食べ物がなくなり、次々と死んでいきました。

体温調節が苦手！
恐竜全体のピンチ

チリで太陽光がさえぎられ、地球の気温は急激に下がりました。恐竜は気温で体温が変わるため、これが絶滅の原因のひとつと考えられています。

気温が下がる

食べ物がない！
肉食恐竜のピンチ

草食恐竜がいなくなると、それを食べる肉食恐竜も、食べるものがなくなります。そのため、やはり次々と死んでいきました。

草食恐竜がいなくなる

生き残ったのは…

主役になっていく生き物たち

体温が調節でき、体も小さかったほ乳類の一部は生き残り、のちに人類の祖先も現れます。ティラノサウルのなかまから枝分かれして進化をしていた鳥の祖先の一部や、は虫類・両生類の一部も生き残りました。

カエル（ざんーねんーな）
おとなになる前、ごはんが食べられなくなる

カエルは長い舌で虫などを食べる肉食の生き物です。でもじつは、カエルの赤ちゃんであるオタマジャクシは、草食です。

草食と肉食では、胃や腸などの構造が違うので、オタマジャクシはカエルになる期間に、わざわざ体を作り直します。そのあいだは、ごはんも食べられません。素直にずっと草を食べていればいいように思いますが、そこまでしてでも虫が食べたいのです。

ただしカエルは、目をつぶらないと虫をのみこめません。目をとじた瞬間にヘビや鳥に自分が食べられることもあります。

カエルの進化

どうしてこうなった!?

カエルの祖先は、3億年近く前に現れたゲロバトラクスだ。サンショウウオのなかまと共通の祖先だと考えられている。

樹液にとじこめられて、
化石になりました

カエルは、ほとんど化石が見つかっていない。2018年に約1億年前の化石が見つかり、これが初期のカエルだと考えられている。

カエルは、進化の過程で歯を使わなくなった。そのため食べ物をのみこむときに、目玉を口内に下げて食べ物をおさえる。

【両生類無尾目】のなかま

カエルは子どもとおとなで、姿がまったく変わる両生類です。おとなになると、しっぽがなくなります。世界に6700種以上のなかまがいます。

とべないし泳げない
アメフクラガエル

おしっこで卵をかえす
キスジフキヤガエル

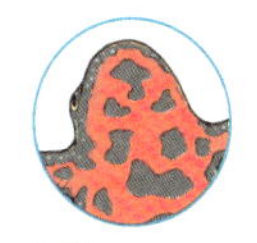

威嚇ポーズが
無敵すぎる
スズガエル

【(ざんーねんーな) イモリ】

間違ってなかまに食べられる

アカハライモリは、日本だけにすむイモリです。おなかの赤いもようは、「自分は危険だぞ」と周りに伝えるための警告色で、フグと同じ毒をもっています。

この毒のおかげで、アカハライモリを食べる敵はほとんどいません。一度食べようとしてひどい目にあうと、この色のものは二度と食べないのです。

でも、なかまからは食べられます。アカハライモリは目があまりよくなく、食欲も強いため、動いているものは手当たり次第、口に入れようとします。そのため、同じアカハライモリの子どもや卵を食べてしまうことがあるのです。

イモリの進化

どうしてこうなった!?

恐竜より
古くからいたよ

3億6000万年ほど前に、魚から両生類が進化したが、イモリの祖先もそのうちの1つだ。イモリの祖先は、水辺からはなれた陸でも生活しやすい体に進化した。

デカすぎるのも
考えものだね

進化を続けるなかで、全長9mにもなる巨大ななかまも現れた。しかしこのなかまは、絶滅した。

でも、あんまり
頭は良くない

現在のイモリは、足だけでなく目や脳、心臓の一部が欠けても、再生できるように進化した。

【両生類有尾目】のなかま

イモリのなかまは世界に120種ほどいて、どれもトカゲのような姿です。オオサンショウウオも同じ有尾目のなかまです。

ピンチになると
骨が飛び出す
イベリアトゲイモリ

コウモリの
うんこを食べる
グロットサラマンダー

水が少なくなると
かわいくなくなる
ウーパールーパー

【サメ（ざんーねんーな）】

ふだんの泳ぎはカメの歩くスピードとほぼ同じ

最高時速約25㎞の高速でおそいかかり、オットセイやイルカなども食べてしまうホホジロザメ。

しかし最近の研究で、じつは狩りのとき以外は、だらだらとゆっくり泳いでいることがわかりました。自分から獲物を探し回るのではなく、オットセイなどの獲物が近くにくるまで岩陰にかくれて待つ「待ちぶせタイプ」だったのです。

ただし、待ちぶせ時もその場でじっとせず、いつもふわふわと動いています。その速度は時速3㎞ほどとめちゃくちゃおそく、※ガラパゴスゾウガメの歩く速度と同じくらいです。

※時速2.9〜4.9㎞

サメの進化

どうして こうなった!?

サメは脊椎動物のなかで、
もっとも歴史が古いのだよ

およそ4億年前に、サメのなかまが現れた。すでに現在のサメと近い形をしていた。

3億～2億5000万年前には、さまざまな形に進化した。なかには、ふしぎな形のものもいた。

ホホジロザメなどのサメは、エラぶたがなく、泳げば口から酸素が入ってくるように進化した。だから泳ぎ続けないと、呼吸できずに死んでしまう。ふだんは疲れないように、ゆ～～っくり泳ぐ。

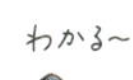

【魚類 ネズミザメ目】のなかま

サメは魚のなかまです。するどい牙をもつ種もいれば、小さなプランクトンしか食べないおとなしい種もいます。

8000本の
歯があるのに
ほぼ使わない
ジンベエザメ

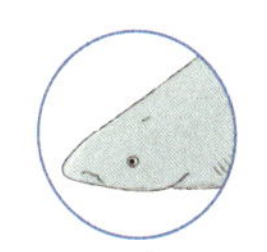

150歳で
やっとおとなになる
ニシオンデンザメ

なんにでも
とりあえずかみつく
イタチザメ

【シーラカンス】(ざんｰねんｰな)

肺らしきものはあるが意味はない

シーラカンスは、およそ4億年前から姿が変わっていないため、「生きた化石」とよばれています。

ところが最近の研究で、おなかの中に、使われなくなった肺があることがわかりました。肺は、陸上で呼吸をするためにできたもの。つまりシーラカンスは、いったんは陸に近い浅瀬でくらしていたものの、ふたたび深い海にもどってきたのかもしれないのです。

いつ肺ができたのか。そしてなぜ、もう一度海にもどってきたのかはわかっていません。使われなくなった肺には、空気のかわりに大きななぞがつまっています。

シーラカンスの進化

どうしてこうなった!?

ひっそりずっといました

シーラカンスは、いまから4億年近く前に現れた。そのころから、いまとほとんど変わらない姿だった。

水が干上がっても大丈夫！
プフー

シーラカンスに近いなかまのハイギョは、酸素の少ない浅瀬でくらせるように、エラ呼吸から肺呼吸に進化した。

シーラカンスも、ハイギョと同じように進化して肺を手に入れた。しかしその後、深海でくらすようになったため、結局使わなくなった。

【シーラカンス目】のなかま

7000万年前に絶滅していたと考えられていましたが、1938年に生きて発見されました。現在では、2種のなかまがいることがわかっています。

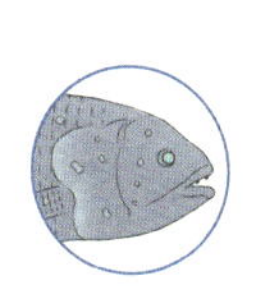

おとなになるのに55年かかるシーラカンス

【(ざんーねんーな)ウナギ】

自分では川にもどれない

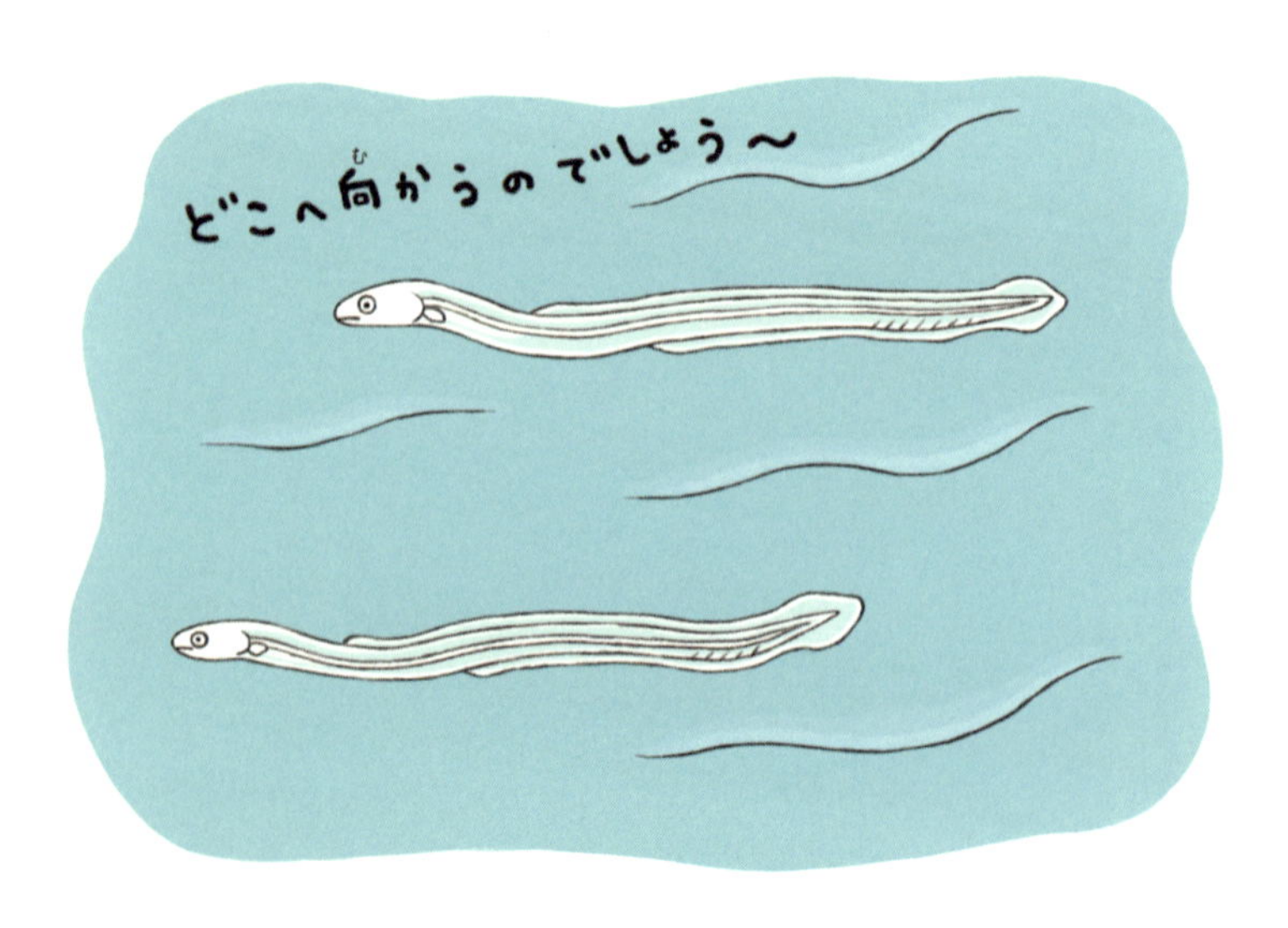

ニホンウナギは、日本の川で育ちます。ところが卵がうまれる場所は、日本からはるか3000㎞もはなれたフィリピンの東側。しかも、深さが1万m以上もあるマリアナ海溝でうまれます。

深さ200mほどの海中で卵からかえった稚魚は、日本を目指して泳ぎます。でも泳ぐ力が弱いため、たどりつけるかは運次第。黒潮の流れに乗っても、帰るのに半年もかかります。潮の満ち引きを利用しなければ、川もさかのぼれないのです。

なぜ、危険をおかしてまで海で卵をうむのかは、卵が育つ栄養分がそこにしかないからと言われています。

ウナギの進化

どうしてこうなった!?

ウナギの祖先は、もともと深海でくらしていた。やがて、海よりも食べ物が豊富な川で育つように進化したと考えられている。

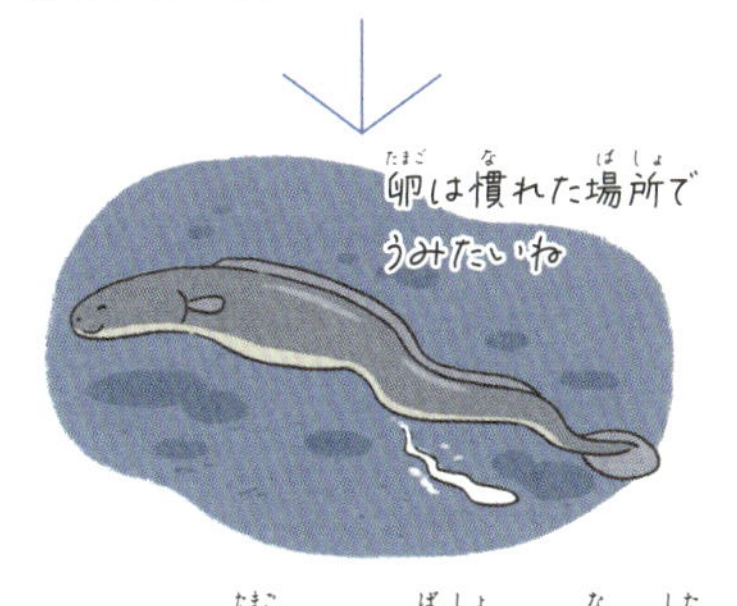

いっぽう、卵をうむ場所は、慣れ親しんだ深海のままだった。そのためいまも、川から深海に大移動して産卵しているのではないかという説もある。

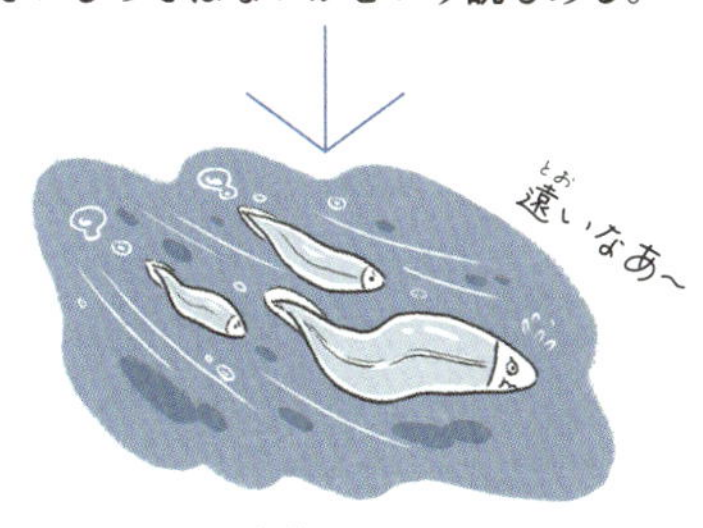

そのせいで、稚魚のときは深海から日本へ、親になったら日本から深海へと、合計6000㎞もの距離を移動しなければならなくなった。

【魚類ウナギ目】のなかま

世界に800種のなかまがいて、ほとんどが川でくらしています。細長い体をしていて、魚やカニなどを食べます。

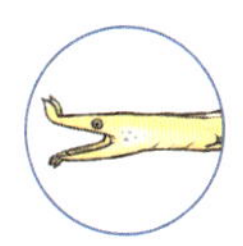

性別と年齢がバレバレなハナヒゲウツボ

ケンカはしょぼいチンアナゴ

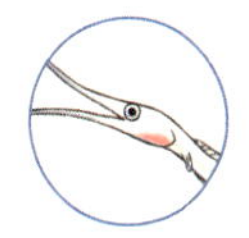

著しく細長いシギウナギ

【（ざん-ねん-な）イワシ】

夜になると、ぶつかりがち

マイワシは、いつも大きなむれで行動します。その数、なんと数億匹。それがまるで1匹の巨大な魚のように、なかまとぴったり動きを合わせて泳ぐのです。

その秘密は、体の横にある「側線」とよばれるセンサーにあります。これで水流のわずかな変化を感じ取り、ほかの魚とぶつからないように泳いでいるのです。

ただし眠っているときは、さすがにセンサーもにぶくなるようです。もしも急に障害物が目の前に現れたら、うまくよけきれません。そのため、泳ぐ速さはゆっくりになり、なかまとの距離も少し広がります。

【（ざん-ねん-な）サケ】たまに海に行くのをサボる

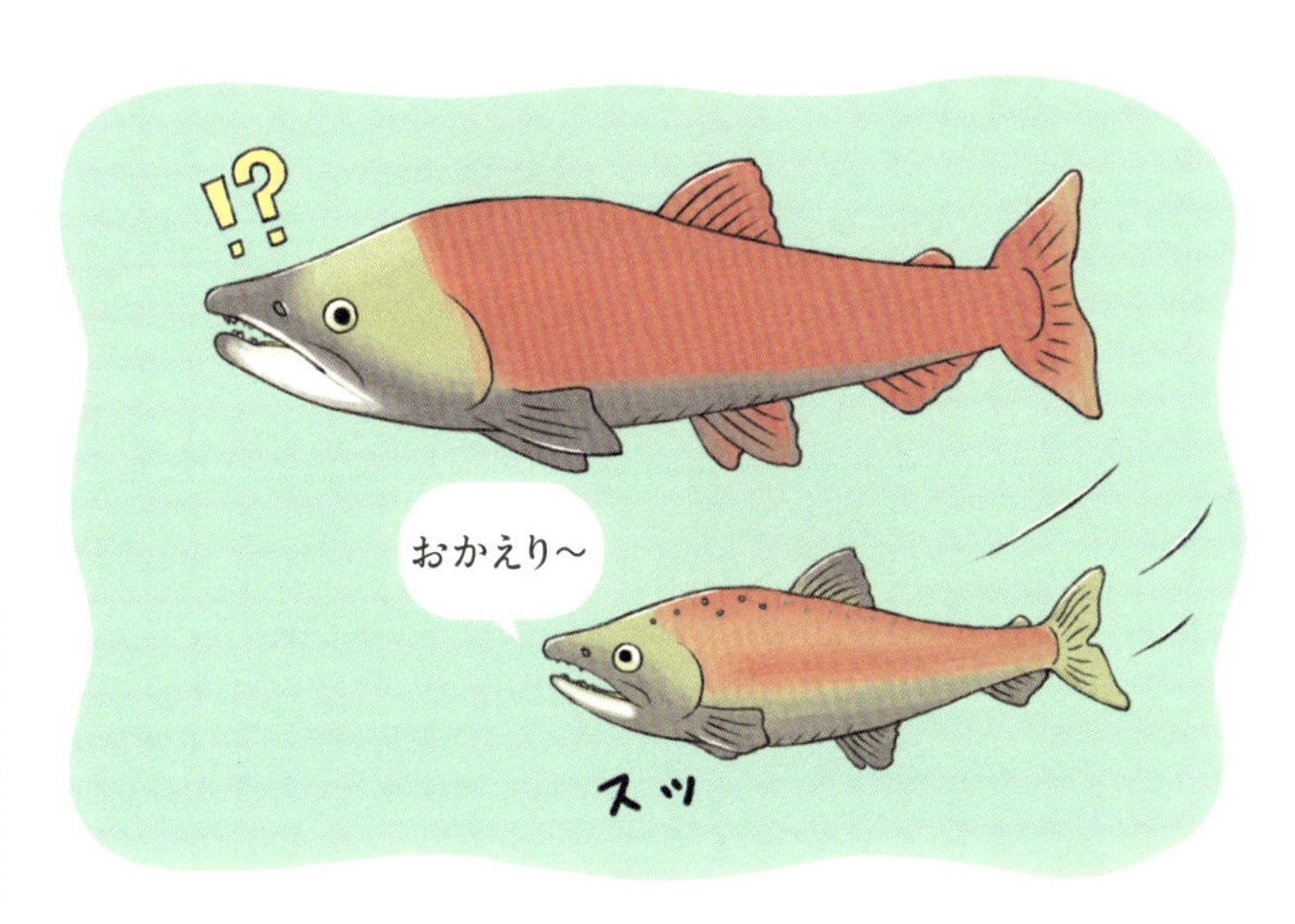

サケのなかまのサクラマスは、日本の川でうまれたあと、1～2年で海に下ります。日本海や太平洋などを泳ぎ回りながら成長し、1年後の秋にうまれた川に里帰り。ボロボロの体で川を上り、最後の力を振りしぼって卵をうむのです。

ところが、そんなサクラマスを川で待っている魚がいます。ヤマメです。じつはサクラマスとヤマメは、まったく同じ魚。海に出ず、「地元最高」と川に残った一部のサクラマスをヤマメとよび分けているだけなのです。

ヤマメのオスは、サクラマスが苦労してうんだ卵に精子をかけ、ちゃっかり自分の子を残していきます。

【ミミズ】(ざんーねんーな) 恋のために息が止まる

ミミズは、体の表面がいつもヌラヌラと湿っています。じつは体が乾くと、息ができないのです。

ミミズは、肺がなく、皮ふで呼吸をしています。体を粘液でおおって、そこに溶けこんだ酸素を、皮ふから吸収しているのです。

だから地中や岩の下など、湿った場所にいつもいます。けれども雨が降ったあとは、地上に出てくるときがあります。

その理由は、恋のため。子作りの相手を探して地上に出てくるのです。

しかし、うっかりコンクリートに出てくると、そのまま息たえてしまいます。

ミミズの進化

どうしてこうなった!?

見た目は違うけど、
体のつくりは
ミミズと似てる！

ミミズなどの環形動物と、タコやイカ、貝類などの軟体動物は、同じ祖先をもつと考えられている。

ミミズの祖先は、ゴカイのような生き物だったらしい

もともとミミズの祖先は海でくらしていたが、進化して地上でくらすようになった。だから、ミミズは乾燥に弱いのだ。

ミミズが子を作るには、違うミミズに出会わなければいけない。このため恋の季節になると、相手を探して移動する。しかし運悪くコンクリートやアスファルトに出てしまうと、地面にもぐれず、ひからびてしまう。

【環形動物 貧毛類】のなかま

ミミズは形の似た細胞のかたまり（体節）が、たくさん連なってできた細長い生き物です。環形動物とよばれるグループのなかまです。

9割は血を吸わない
ヒル（ヒル類）

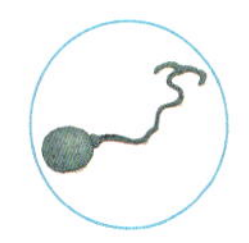

オスはメスの体に
吸収される
ボネリムシ（ユムシ類）

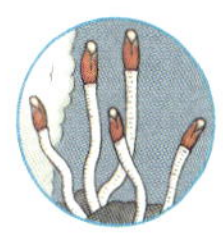

口もおしりの穴もない
ハオリムシ（ゴカイ類）

【(ざんーねんーな) カニ】

体が横長だから横にしか歩けなくなった

カニは足が10本あり、大きなつめが2本、歩くのに使う足が8本です。カニの足は、体に対して長く、足と足の間隔がせまいのが特徴です。前後に動かすと、足と足がぶつかってうまく歩けません。

また、体の奥行より横幅が広いため、横に動くほうが自然です。こうした理由から岩の間のせまいすきまを通ったり、敵からすばやく逃げたりするために、カニは横歩きになったと考えられます。

ただ、体が縦に長いカニは前後に歩くものもいて、後ろにとんだり、砂の中にかくれたりするカニもいます。横にこだわりはないようです。

カニの進化

どうしてこうなった!?

木に登って、樹液につつまれて、
そのまま化石になっちゃったんだ

カニは長いあいだ、姿が変わっていない。約1億年前の化石も、いまのカニと同じ姿をしていた。淡水にいたと考えられている。

どことなく
似てる感じも
するもんね

カニは、エビととても近いなかまだ。エビがしっぽをおなか側に曲げてカニに進化したと考えられている。

やっぱ、カニって
かっこいいじゃ
ないですか…

ちなみに、タラバガニやヤシガニなどは、名前に「カニ」とつくが、ヤドカリのなかまだ。カニ型に進化した生き物は、ほかにもたくさんいる。

【甲殻類 カニ下目】のなかま

甲殻類の中でも、足が全部で10本ある十脚類には、カニやエビなど世界に1万4000種以上います。その中でカニのなかまは、世界に6500種います。

年齢で性別が変わる
アマエビ

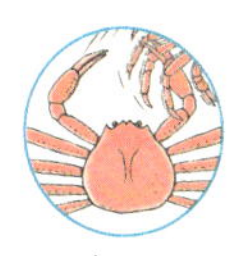

オスは好きなメスを
派手に振り回す
ズワイガニ

集団で引っ越しして
捕まるアメリカイセエビ

トンボ（ざんねんな）

なかまをおとりに羽化するが、ほぼ失敗する

トンボは幼虫のとき、田んぼや池の中でくらします。そして生後数か月たつと、水から出て羽化し、成虫になります。

おどろくことに、一部の種では、わずか数日で、半数以上がいっせいに羽化します。こんな方法を取るのは、羽化が命がけだから。羽化のあいだは、はねが乾くまで数時間動けず、アリや鳥に食べられることもあります。だから人間目線で言うと、一気に羽化することで、自分をねらわれにくくしているのです。

しかし、羽化が成功する確率はとても低いです。はねや体が曲がると、もう飛ぶことはできません。

トンボの進化

どうしてこうなった!?

現在の空気だと、
大きすぎて飛べないんだって

トンボの祖先は、およそ3億年前に誕生した。はねを広げると70㎝以上にもなる巨大な昆虫だった。

姿がずいぶん
違うと思ったら、
2億年以上も前に
分かれたのね…

2億年ほど前に、トンボは「均翅亜目」（イトトンボのなかまなど）と「不均翅亜目」（ヤンマのなかまなど）の2つのグループに大きく分かれた。

その後、幼虫が育つのに必要な湿地が減ったこともあり、なかまの多くが絶滅した。いま日本にいるトンボのなかまも、29種が絶滅の危機にある。

【昆虫類 トンボ目】のなかま

原始的なグループで、ほとんどの種の幼虫が水中で育ちます。成虫はすばやく飛び回って、ほかの昆虫などをとらえて食べます。

寒さに弱いのに
北に行きたがる
ウスバキトンボ

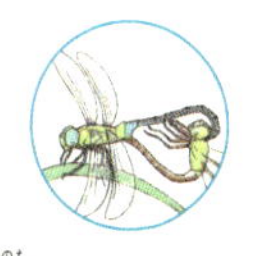

命がけでつながり
子を作る
ギンヤンマ

ピンチになるとヤゴは
おしりジェットで泳ぐ
オニヤンマ

【(ざんーねんーな) ナナフシモドキ】

オスはほぼいないし、いてもしょうがない

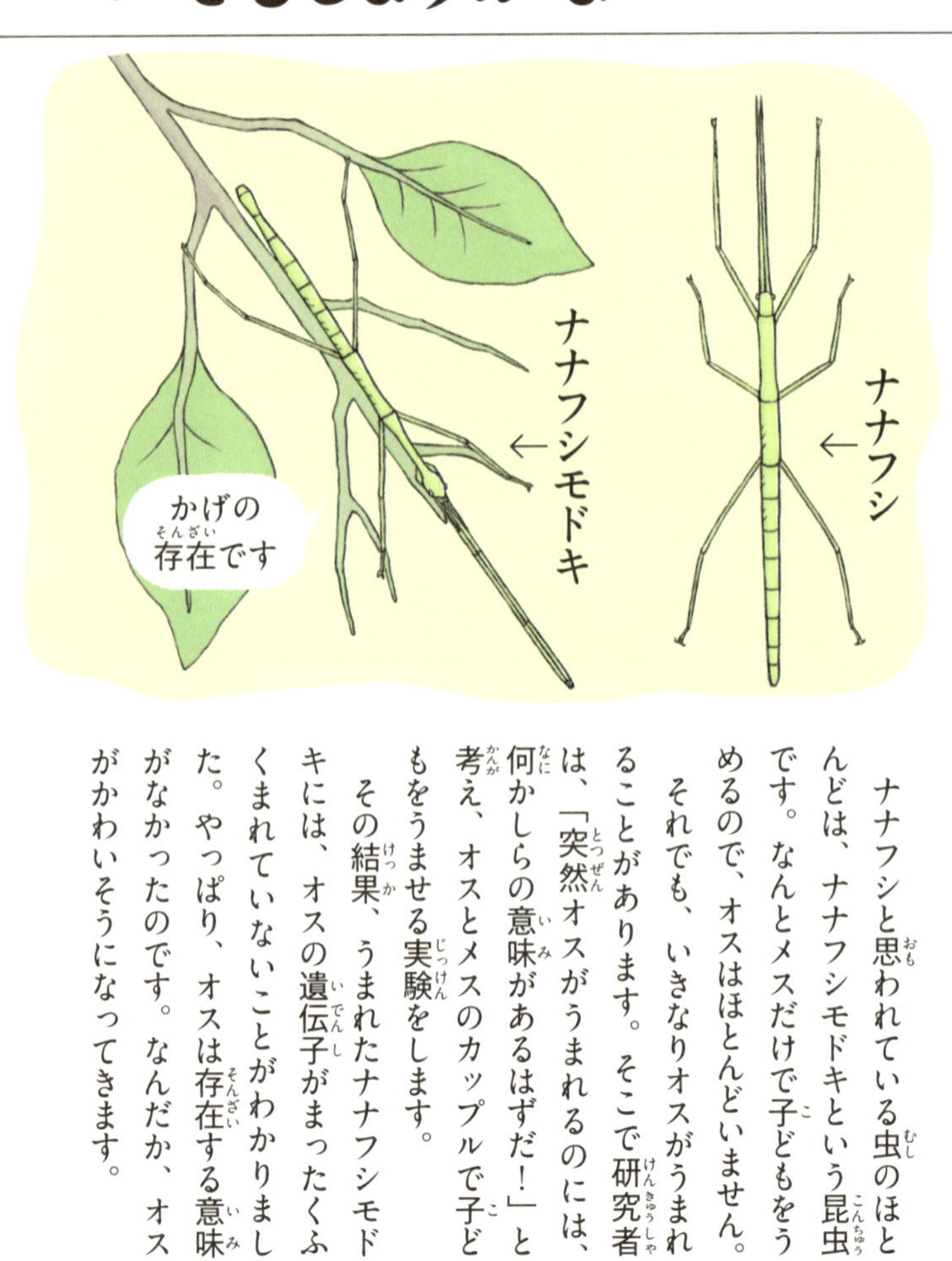

ナナフシと思われている虫のほとんどは、ナナフシモドキという昆虫です。なんとメスだけで子どもをうめるので、オスはほとんどいません。

それでも、いきなりオスがうまれることがあります。そこで研究者は、「突然オスがうまれるのには、何かしらの意味があるはずだ！」と考え、オスとメスのカップルで子どもをうませる実験をします。

その結果、うまれたナナフシモドキには、オスの遺伝子がまったくふくまれていないことがわかりました。やっぱり、オスは存在する意味がなかったのです。なんだか、オスがかわいそうになってきます。

【(ざんーねんーな) カブトムシ】
大きくてりっぱなほど鳥に食べられやすい

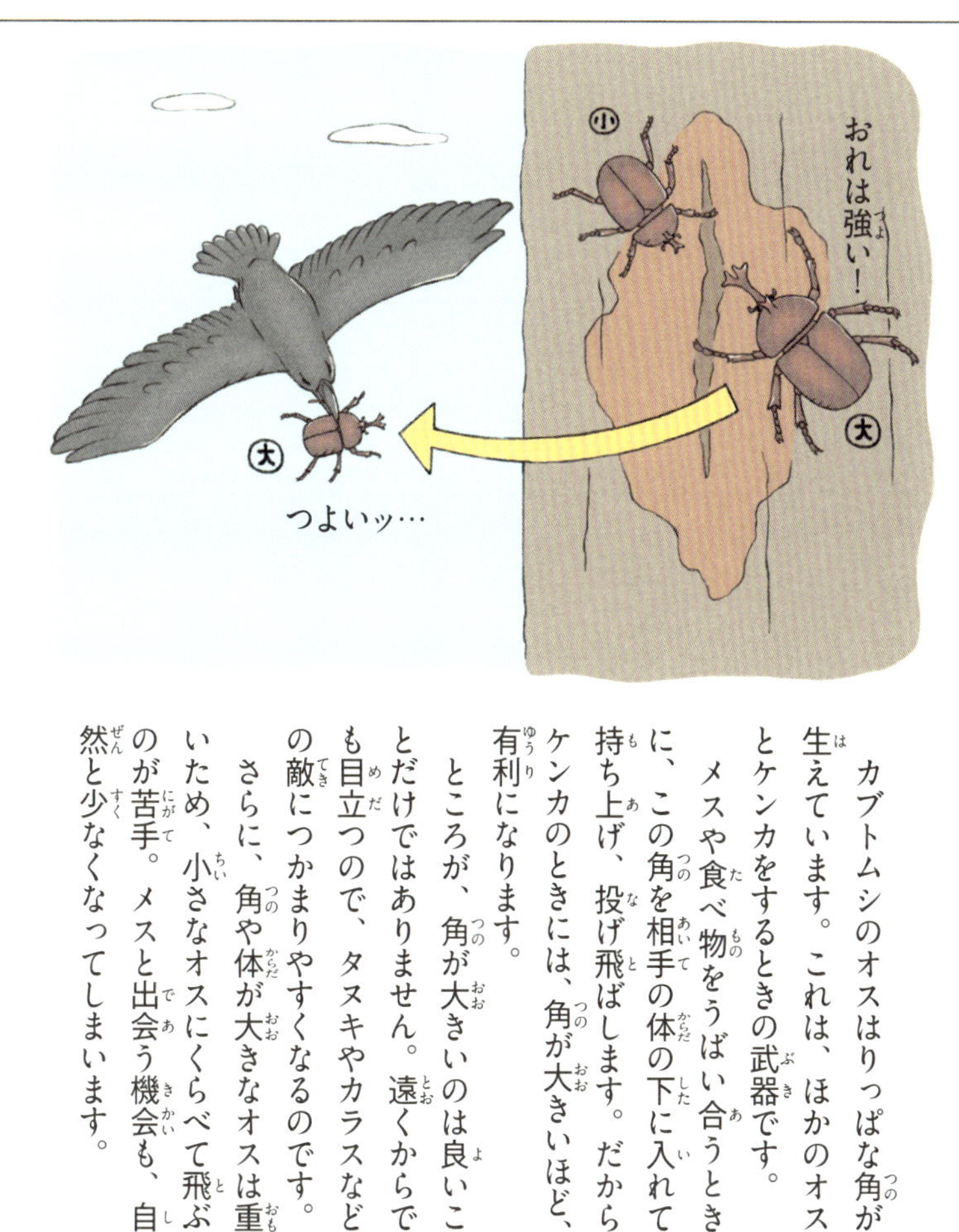

カブトムシのオスはりっぱな角が生えています。これは、ほかのオスとケンカをするときの武器です。

メスや食べ物をうばい合うときに、この角を相手の体の下に入れて持ち上げ、投げ飛ばします。だからケンカのときには、角が大きいほど、有利になります。

ところが、角が大きいのは良いことだけではありません。遠くからでも目立つので、タヌキやカラスなどの敵につかまりやすくなるのです。

さらに、角や体が大きなオスは重いため、小さなオスにくらべて飛ぶのが苦手。メスと出会う機会も、自然と少なくなってしまいます。

【(ざんねんな) セミ】

一生の9割が土の中

ふつう昆虫は、鳥に食べられないようにおとなしくすごします。でもセミは、とても大きな声で鳴き続けます。早くパートナーを見つけて子どもを作らないと、すぐに死んでしまうからです。

セミは、うまれてすぐ土の中にもぐり、樹液を吸って大きくなります。その期間は、アブラゼミで2〜5年です。その後、地上に出ますが、生きられるのは長くても1か月ほど。つまり、一生のうち9割以上の時間を土の中ですごすのです。

人間で言えば、80歳を過ぎて地上に出るわけですから、「早くして!」とさけびたくなりそうです。

セミの進化

どうしてこうなった!?

いまのセミと
2億年前から
ほぼ同じ姿です

2億年以上前、セミの祖先はたくさんいた。1億5000万年前に、飛ぶ能力が高くなったと考えられている。

昔、地球が寒かったころは、ゆっくりとしか成長できなかった。そのとき、セミの幼虫期間が長くなったと考えられている。

いっせいに成虫になると、
オスとメスが
出会いやすいの！

ちなみに、幼虫の期間が17年もあるセミがいる。17年に一度、大量に地上に出てきて、現地の人をおどろかせている。

【昆虫類 カメムシ目】のなかま

セミのなかまは木の幹にとまり、樹液を吸います。ほとんどの種で、鳴くのはオスだけです。幼虫の期間は2～5年のものが多いです。

自分のにおいがくさすぎて気絶する
カメムシ

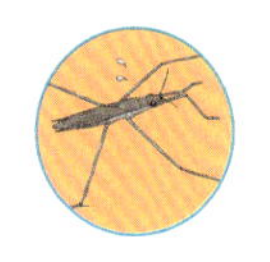

オレンジジュースには沈むアメンボ

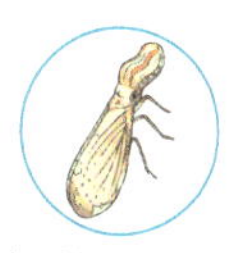

頭の中はからっぽ
ユカタンビワハゴロモ

(ざんーねんーな)ハエ
フラれると酒に走る

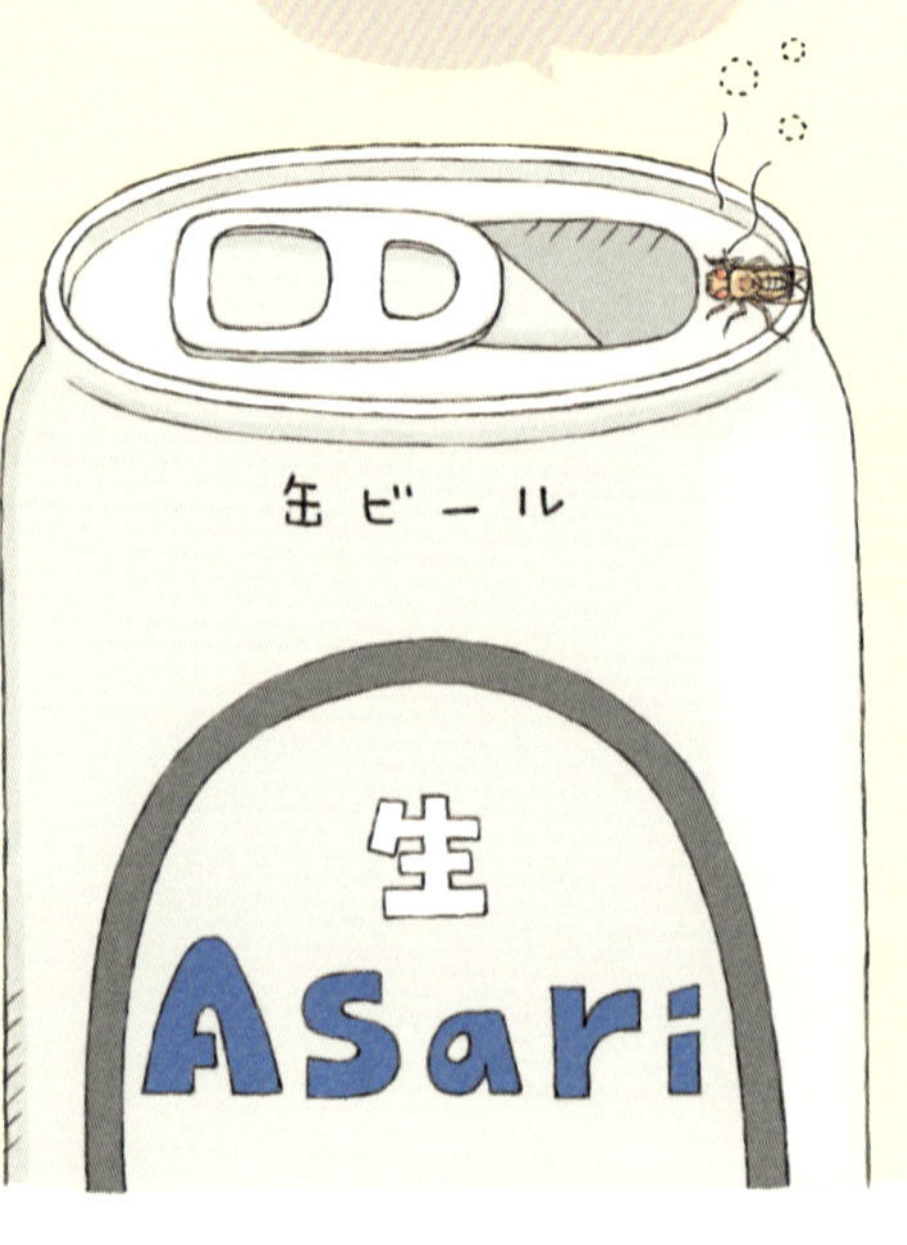
のまなきゃ
やってられないよ!
生ビール
生
Asari

キイロショウジョウバエのショウジョウは、「猩々」という顔の赤い酒のみの妖怪の名前からとられています。

その名のとおり、ショウジョウバエはお酒（アルコール）が大好き。これは幼虫時代からアルコール分をふくむ食べ物を食べることで、寄生バチに寄生されにくくなるためだと言われています。

ただ、のみすぎで陽気になるのか、オスはおなかを軽くたたきながら歌をうたってメスに告白。フラれると、アルコール分をふくむ食べ物の量が増えることが実験でわかっています。やけ酒で気をまぎらわせているのかもしれません。

【（ざんーねんーな）チョウ】人間をうんこや死体と間違えている

夏の暑い日、チョウがひらひらと飛びながら、人間に近づいてくることがあります。花のようなにおいがするからではなく、「でかいうんこがきた」と思っているのです。

チョウの主食は、花の蜜です。しかし、それだけではアミノ酸などの栄養が足りません。そのためタテハチョウなど一部のチョウは、動物のうんこや死がいを食べて、必要な栄養をおぎなっています。

人間の汗には、うんこや死がいにふくまれるアンモニアが入っています。チョウは、そのにおいを手がかりに、巨大なうんこか死体があると思って集まってくるのです。

▽ざんねんランキング

これまでの「ざんねんないきもの事典」シリーズで登場した、961の「ざんねん」を、3つの部門に分けて、ランキングにしてみました。お気に入りの子はいるでしょうか？

せつない部門

クジャクグモ

「クジャクグモのオスは、ダンスがへただとメスに食べられる」

オスはダンスでメスにアピールしますが、命がけです。

第4位

タヌキ

「タヌキはすぐに死んだふりをして本当に死ぬことがある」

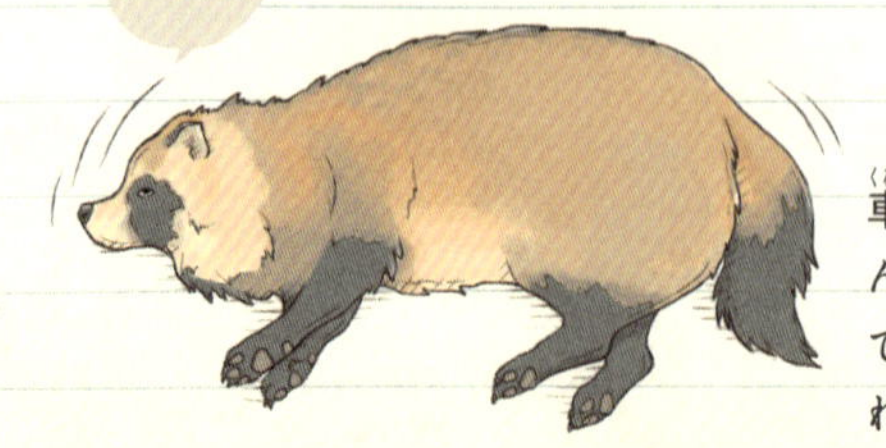

車におどろいて死んだふりをします。でも、そのままひかれて…。

第2位 ジュウシチネンゼミ

「出てくる年を間違えたジュウシチネンゼミはさみしく死ぬ」

17年に一度、大量発生しますが、出てくる年を間違えると、ひとりぼっちです。

第3位 イリナキウサギ

「イリナキウサギは声が小さくて絶滅しそう」

敵が近づいても、なかまに危険を知らせることができないほど、小さな声しか出せません。

第1位 イルカ

「イルカは眠るとおぼれる」

水面から鼻を出して呼吸をしなければいけないので、完全に眠るとアウトです。

信じがたい部門

第5位 クジラ

「クジラは死ぬと爆発する」

死ぬと、体内でメタンガスが発生し、パンパンにふくらんだあと、大爆発します。

第4位 ザトウクジラ

「ザトウクジラは去年の歌をうたうとモテない」

オスは歌をうたってメスにアピールしますが、最新の曲じゃないとモテません。

第3位 カメムシ

「カメムシは、自分のにおいがくさすぎて気絶する」

敵におそわれると、くさいにおいを出しますが、自分にもバツグンの効果を発揮します。

第2位 リス

「リスはほお袋で食べ物がくさって病気になる」

口の中に残りやすいエサを食べると、ほお袋の中でくさってしまいます。

第1位 アベコベガエル

「アベコベガエルは成長するほど、どんどん小さくなる」

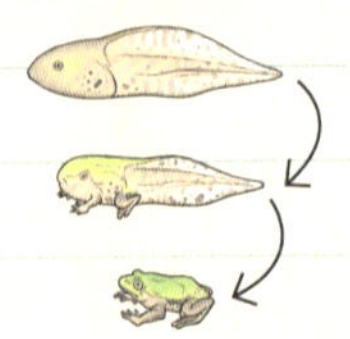

オタマジャクシのころが最大で、カエルになると小さくなってしまいます。

それ意味ある？ 部門

第4位 カタツムリ

**「カタツムリは
カラフルなうんこを
心をこめて折りたたむ」**

食べ物の色素を消化できないので、食べ物の色そのままのうんこをします。そしてうんこをゆっくり折りたたみます。

第2位 リカオン

**「リカオンはくしゃみの回数で
狩りに行くかどうかを決める」**

しかも、弱いオスはたくさんくしゃみをしないと、聞いてもらえません。

第5位 ジャコウウシ

**「ジャコウウシはピンチのとき
円陣を組む」**

敵に出会うと円陣を組んで乗り切ろうとしますが、人間の鉄砲には勝てません。

第3位 クリオネ

**「クリオネは食事のときに
頭がわれる」**

頭がぱかっと開いてバッカルコーンという6本の触手になり、獲物をつかまえます。

第1位 コノハムシ

**「コノハムシは葉っぱに似すぎで
食べられそうになる」**

肉食動物に食べられないように葉っぱに擬態をしたら、葉っぱに間違われて、草食動物に食べられそうになります。

さくいん

この本に出てきた生き物を、分類別に五十音順で紹介します。

▽脊索動物

脊椎（背骨）や脊索（原始的な背骨）をもつ動物

ほ乳類

親と似た姿の子どもをうみ、乳で育てる。体温が一定で、肺呼吸をする

鳥類

卵からうまれ、翼で空を飛ぶものが多い。体温が一定で、肺呼吸をする

は虫類

卵からうまれる。周りの温度によって体温が変化し、肺呼吸をする

カメ …… 124

トカゲ …… 122

ムカシトカゲ …… 120

ワニ …… 118

両生類

卵からうまれる。周りの温度によって体温が変化する。子どものときは水中でえら呼吸、おとなになると肺呼吸に変わる

イモリ …… 130

カエル …… 128

硬骨魚類

多くが卵からうまれ、骨がかたく、水中で生活し、ヒレを使って泳ぐ。周りの温度によって体温が変化する

イワシ …… 138

ウナギ …… 136

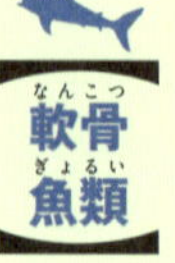

軟骨魚類

サケ …… 139

シーラカンス …… 134

卵からうまれるものと、親と似た姿でうまれるものがいる。水中で生活し、ヒレを使って泳ぐ。骨がやわらかい

サメ …… 132

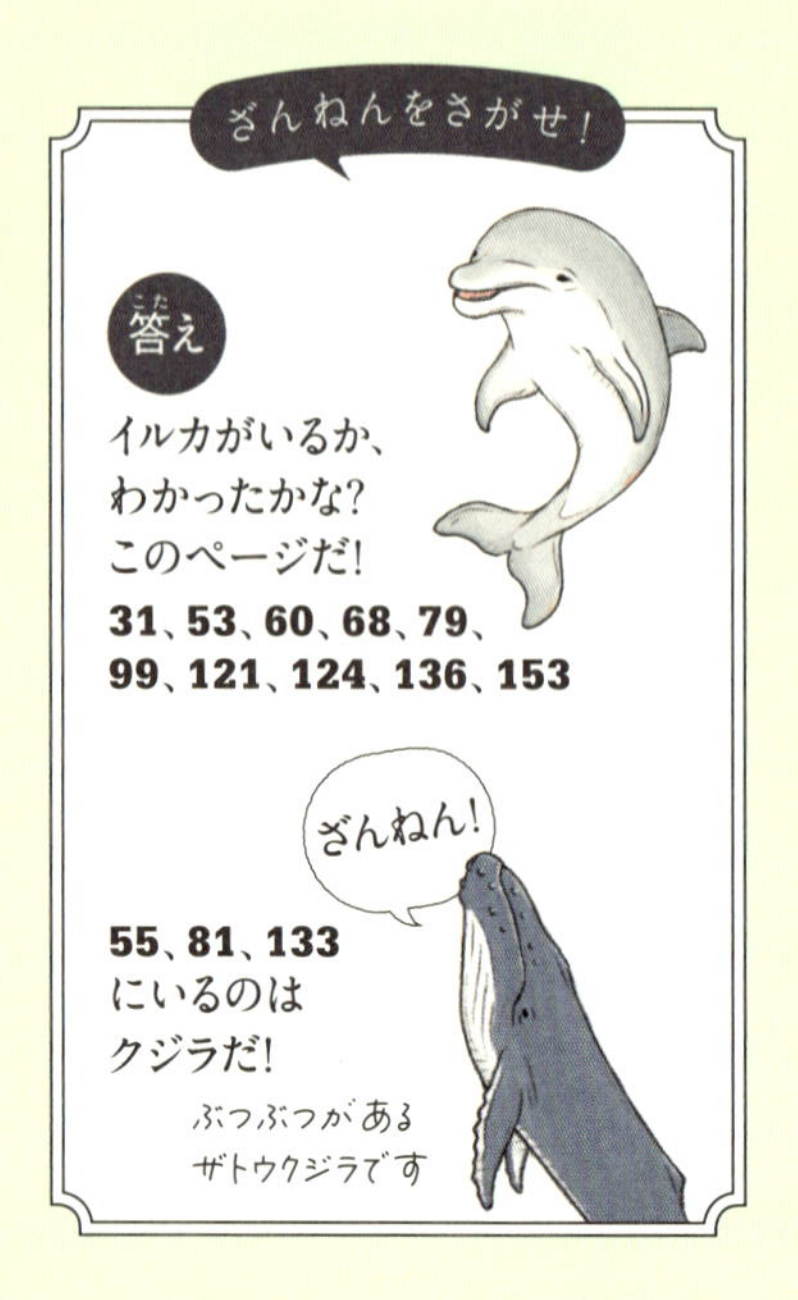

ざんねんをさがせ!
答え
イルカがいるか、
わかったかな?
このページだ!
31、53、60、68、79、
99、121、124、136、153
ざんねん!
55、81、133
にいるのは
クジラだ!
ぶつぶつがある
ザトウクジラです

▽無脊索動物

脊椎（背骨）や脊索（原始的な背骨）をもたない、脊索動物以外の動物

昆虫類（六脚類）

体は頭、胸、腹に分かれている。多くは触角とはねをもつ。足は3対6本

カブトムシ ……………… 150
セミ ……………………… 146
チョウ …………………… 144
トンボ …………………… 151
ナナフシモドキ（ナナフシ）…… 148
ハエ ……………………… 147

甲殻類

体がかたい殻でおおわれている。おもに水中で生活し、えら呼吸をする

貧毛類

円筒状の体をもつ生き物。両端には口と肛門がべつべつにある

『小学館の図鑑NEO　動物／鳥／昆虫／両生類・は虫類／魚／水の生物』（小学館）
『世界哺乳類図鑑』（新樹社）
『ならべてくらべる動物進化図鑑』（ブックマン社）
『図解雑学 昆虫の不思議』（ナツメ社）
『こども大百科　世界の生き物大図解』（小学館）
『大自然のふしぎ　動物の生態図鑑』（学研）
『ぱっと見わけ観察を楽しむ野鳥図鑑』（ナツメ社）
『見つける見分ける　鳥の本』（成美堂出版）
『動物のふしぎ大発見』（ナツメ社）

監修者

今泉忠明　いまいずみ ただあき

1944年東京都生まれ。東京水産大学（現 東京海洋大学）卒業。国立科学博物館で哺乳類の分類学・生態学を学ぶ。文部省（現 文部科学省）の国際生物学事業計画（IBP）調査、環境庁（現環境省）のイリオモテヤマネコの生態調査などに参加する。トウホクノウサギやニホンカワウソの生態、富士山の動物相、トガリネズミをはじめとする小型哺乳類の生態、行動などを調査している。上野動物園の動物解説員を経て、「ねこの博物館」（静岡県伊東市）館長。その著書は多数。

新ざんねんないきもの事典

監修者　今泉忠明
発行者　清水美成
編集者　外岩戸春香
発行所　**株式会社 高橋書店**
〒170-6014 東京都豊島区東池袋3-1-1 サンシャイン60 14階
電話　03-5957-7103

ISBN978-4-471-10476-4

本書の内容についてのご質問は「書名、質問事項（ページ、内容）、お客様のご連絡先」を明記のうえ、郵送、FAX、ホームページお問い合わせフォームから小社へお送りください。

回答にはお時間をいただく場合がございます。また、電話によるお問い合わせ、本書の内容を超えたご質問にはお答えできませんので、ご了承ください。

本書に関する正誤等の情報は、小社ホームページもご参照ください。

【内容についての問い合わせ先】
書　面　〒170-6014 東京都豊島区東池袋3-1-1 サンシャイン60 14階
高橋書店編集部
F A X　03-5957-7079
メール　小社ホームページお問い合わせフォームから　(https://www.takahashishoten.co.jp/)

【不良品についての問い合わせ先】

ページの順序間違い・抜けなど物理的欠陥がございましたら、電話03-5957-7076へお問い合わせください。ただし、古書店等で購入・入手された商品の交換には一切応じられません。